天然發酵研究

自養自製優格和克菲爾
實用指南與食譜應用

成功學會 71 種世界傳統發酵乳、植物奶、乳酪，
與奶油等腸道保健超級食物

吉安娜克里斯·考德威爾
（**Gianaclis Caldwell**）

常常生活文創

天然發酵研究室：自養自製優格和克菲爾實用指南與食譜應用

成功學會 71 種世界傳統發酵乳、植物奶、乳酪，與奶油等腸道保健超級食物

Homemade Yogurt & Kefir: 71 Recipes for Making & Using Probiotic-Rich Ferments

作　　者／吉安娜克里斯・考德威爾（Gianaclis Caldwell）
譯　　者／吳煒聲
責任編輯／趙芷渟
封面設計／化外設計

發 行 人／許彩雪
總 編 輯／林志恆
行銷企畫／徐緯程
出 版 者／常常生活文創股份有限公司
地　　址／106 台北市大安區信義路二段 130 號

讀者服務專線／(02) 2325-2332
讀者服務傳真／(02) 2325-2252
讀者服務信箱／goodfood@taster.com.tw
讀者服務專頁／http://www.goodfoodlife.com.tw/

法律顧問／浩宇法律事務所
總 經 銷／大和圖書有限公司
電　　話／(02) 8990-2588
傳　　真／(02) 2290-1628

製版印刷／龍岡數位文化股份有限公司
初版一刷／2021 年 05 月
定　　價／新台幣 450 元
ISBN ／ 978-986-06452-0-0

國家圖書館出版品預行編目 (CIP) 資料

天然發酵研究室：自養自製優格和克菲爾實
用指南與食譜應用：成功學會 71 種世界傳統
發酵乳、植物奶、乳酪，與奶油等腸道保健超
級食物／吉安娜克里斯・考德威爾（Gianaclis
Caldwell）著；吳煒聲譯. -- 初版. -- 臺北市：
常常生活文創股份有限公司, 2021.05
　面；　公分
　譯 自：Homemade yogurt & kefir : 71 recipes
for making & using probiotic-rich ferments.
ISBN 978-986-06452-0-0（平裝）
1. 乳品加工 2. 乳酸菌 3. 食譜
439.613　　　　　　　　　　110005772

FB｜常常好食　　網站｜食醫行市集

COVER PHOTOGRAPHY BY © Carmen Troesser, except Mars Vilaubi, spine
INTERIOR PHOTOGRAPHY BY © Carmen Troesser
ADDITIONAL PHOTOGRAPHY BY Mars Vilaubi, 81 and throughout; courtesy of Bellwether Farms, 63; courtesy of Redwood Hill
　Farm & Creamery, 22 & 23
ORNAMENT BACKGROUNDS AND BORDERS page 1 and throughout, Owen Jones, *Examples of Chinese Ornament,* 1867,
　collection of the Metropolitan Museum of Art, New York/Wikimedia Commons
PHOTO STYLING BY Carmen Troesser
FOOD STYLING BY Gianaclis Caldwell
MAP ILLUSTRATION by Ilona Sherratt, page 13

目錄

食譜總表

前言

大約從10歲起，我就開始幫忙或自行製作優格。根據母親的說法，在我能拿起湯匙的那一刻起，便一直大吃特吃優格。我從小就吃希臘優格，但對於擁有希臘血統的我們來說，那就是優格。我們將「奶油杯」（家中飼養的金毛更賽牛，Guernsey Cow）的乳汁製成優格，再用父親特製的瀝水盒過濾。我的母親會取一片密織棉紗布（muslin cloth）將盒子蓋住，並用金屬絲纏繞在距離頂部約2.5公分的凹槽處加以固定。接著，將濃郁的優格倒入布中並蓋上蓋子，乳清（whey）會由盒子底部的小通道流至排水板，最後排入水槽。從前吃優格時，我最喜歡（如今也是，雖然會感到內疚）將一大匙當地生產的濃稠生蜂蜜，淋在冰涼的優格上，然後用同一根湯匙，搭配優格慢慢吃掉上方多餘的蜂蜜。

　　直到青年時期，我才吃到人生第一口市售優格。我在當地市場買了一罐優格，並用熟食店的湯匙試吃。味道嚐起來甜而溫和，像是卡士達醬，當時我還不知道應該要將底部的水果混合。身為愛吃甜食的青少女，我是喜歡那罐優格，但對我而言它不是真正的優格——帶有單純、新鮮與層次感的風味。

　　在我成年後多數的歲月裡，我一直替家人製作優格，通常是用市售的牛乳，後來改用我們自產的山羊奶。這麼做有三個原因：省錢、減少塑料浪費，與享受風味（這是最好的理由）！我從小便會製作優格，也做了這麼久的時間（掐指一算，至今已將近40年），我一直認為製作優格很簡單。直到探索了發酵乳更廣大的領域時，才發現不僅過程變得繁複，還有一個充滿驚喜與幾乎未知的發酵乳世界等著我去發掘。本書不僅是要開創可能性，提升製作發酵乳製品的喜悅和成功率，也要分享如何將其融入餐食，以保留其中益生菌的健康益處。希望你會喜歡！

吉安娜克里斯・考德威爾（Gianaclis Caldwell）

發酵乳
的神奇力量

「發酵乳」（fermented milk）有助於維繫人體最重要的系統：我們的微生物群——包含看不見的真菌、病毒和細菌，其數量超過人體細胞的總合。健康的微生物群對於身體健康至關重要。

若我們可以透過高倍顯微鏡的鏡頭來研究自己的日常生活，可能會感到有點不安，因為即便我們自處時，也不是孤獨一人。我們的皮膚、周圍的空氣、與環境中幾乎所有的表面，都充滿了微小的生命體。除了方才消毒過的地方，隨處都有細菌、病毒、黴菌與酵母菌棲息。與其將這些微生物視作「病菌」和污染物，我們應該正視它們的真實身份：地球與其所有生物不可或缺的一部分。所幸，我們生存在科學與民智開化的時代，能接受微生物對於我們的生活與健康所扮演的角色。確實，如今比以往更容易獲取由最好的「營養學家」——發酵微生物替我們量身製定的食物。

富含益生菌（probiotic）的發酵乳製品是最好的「功能性食物」——除了提供基本營養，還能促進健康的食物。這要歸功於其中所含的益生菌，不僅可以產生各種副產品，還能將營養豐富的乳汁轉變成類超級食物。「Probiotic」這個字直譯的意思是「有益於生命」，世界衛生組織（WHO）將其定義為「在足量的情況下，能對宿主健康帶來有益影響的微生物」。

它們會與人體的微生物合作並相互支持，以下是已知的益生菌功能：

- 覆蓋腸道內壁，使病原體幾乎沒有附著的空間。
- 提供誘使病原體附著的表面，避免其附著於腸道內壁。
- 分泌酸性物質，保持腸道環境更酸，使多數病原體難以存活。
- 生產專門破壞病原體的細菌素（bacteriocin，天然抗菌劑）。
- 調節免疫系統，在感染時提升免疫活性；在發生抗發炎、自體免疫反應，與過敏的情況時，則降低免疫活性。
- 酵母益生菌可以在抗生素治療中存活，協助患者度過療程。

定期攝取益生菌和益菌生（prebiotics，益生菌賴以生存的營養物質，如纖維），可以滋養腸道健康與微生物群。發酵乳內的益生菌對於消化功能障礙、感染性腹瀉、抗生素相關性腹瀉、腸胃炎、和陰道菌群不足等腸胃問題所帶來的影響，已有完好的研究。發酵乳內的益生菌亦被研究用於維持健康體重、控制血壓、預防癌症、治療與胃潰瘍相關的幽門螺旋桿菌（*Helicobacter pylori*），甚至於改善心情。

然而，發酵乳中的益生菌並非全然相同！不同的產品會有相異的微生物類型與數量，會影響各產品的營養價值。每種培養物（culture，發酵微生物的來源），無論是由商業生產

（最容易理解、最常被定義）、擁有百年歷史的祖傳種、或是一團生氣勃勃的克菲爾粒（kefir grain，擁有最多樣的菌種），都有可能提供從主要的益生菌到單純負責發酵等不同種類的微生物。此外，一罐優格內含有多少活菌根本無法計算，因為冷藏的時間越久，菌數便越少。只要記住，發酵乳製品越新鮮，裡頭的活菌便越好、越多，也更有益於健康。

本書的第三部收錄了搭配微生物的食譜，讓各位可以善用這些益生菌。高溫會破壞許多最有益的細菌，因此這些菜餚刻意以冷卻或常溫狀態食用。當然，你可以將優格與其他發酵乳製品用在別處，好比加入熱咖哩和肉汁，或是淋在熱騰騰的烤馬鈴薯上，但益生菌的效果可能會因受熱而喪失。別忘了，市售的發酵乳亦可用於製作第三部裡的任何食譜！

第一部
乳品發酵的歷史、工具和技術

第一章
乳品的起源

打從人類開始收集動物的乳汁起，便一直喝著優格與類似的乳品。發酵乳（如同多數的發酵產品）可能是人們在天氣炎熱之時，將乳汁留在容器內而意外被發現的。儘管我們永遠無從得知祖先是如何（亦或是否曾經）替最初製造的發酵乳命名，但我們的確知道他們很喜歡這種產品，並且不斷製造更多！這種風味濃郁的凝乳（curd）是最古老的「人造」食品之一，更是早期農民主要的營養來源。他們率先種植穀物的地區，如今被我們視為文明的發源地：肥沃月彎（Fertile Crescent）。

首位發酵家

沿著地中海東北邊延伸的安納托利亞半島（Anatolian peninsula，如今熟知的土耳其）；地中海東部沿岸的敘利亞、黎巴嫩和以色列；與更往東走的伊拉克和伊朗，這片曾被稱作肥沃月彎的廣闊領域，是農業最早的生根地。穀物的種植最終造就質樸的酸種麵包與低酒精含量卻風味醇厚的啤酒之誕生。穀物為這些美食帶來可能性，亦能馴養和餵食牲畜，隨後獲得營養豐富的乳品供應。

山羊與綿羊非常適應這個地區原始的牧草、天氣和地形。隨著時間的流逝，野生羊群被馴服並加以繁殖，因而成為人類最早的農場動物。人類不知道從何時開始收集這些動物的乳汁，但根據殘留的黏土製品，可以清楚得知，發酵乳製品在至少公元前八千年，就已經是新石器時代飲食的一部分。不難猜測，乳品可能在更早以前，便出現在我們祖先的飲食當中，只是收集乳汁的容器（如動物皮革和編織細密的籃子），未能經得起時間的考驗，提供考古學家相關的證據去發掘。

一旦人類開始收集乳汁，便不可能避免這些乳品自然發酵、變得濃稠與微酸，類似我們現代飲用的優格、白脫牛乳（buttermilk）和克菲爾。動物的乳頭、空氣中、與容器表面存在著無數的野生細菌和酵母菌，足以確保產生這種自發性的轉變。不同微生物的活躍程度，取決於當日的溫度。天氣越涼爽，便越可能形成克菲爾和白脫牛乳；天氣越熱，與現代優格培養物有關的細菌就有可能越活躍。

***

發酵乳的發源地：肥沃月彎和「優格之地」

地中海　塞爾維亞　羅馬尼亞　黑海　俄羅斯　喬治亞　亞美尼亞　裏海　土庫曼　保加利亞　希臘　土耳其　亞塞拜然　阿富汗　敘利亞　伊朗　伊拉克　黎巴嫩　以色列　約旦　波斯灣　巴基斯坦　印度　埃及　紅海　印度洋

優格在東歐和亞洲最溫暖的地區被製作得完美絕非偶然！發酵的容器隨著時間被重複使用，逐漸成為能持續供應有用微生物的來源，這些微生物會急切地吞噬乳糖，將乳汁轉變成美味健康的發酵產品。安妮·門德爾森（Anne Mendelson）在她美好的著作《牛奶：歷來的驚人故事》（*Milk: The Surprising Story of Milk through the Ages*）中創造了一個很棒的名詞——「優格之地」（Yogurtistan），描述優格、克菲爾和馬乳酒（koumiss，發酵馬奶），在地中海、歐洲、與亞洲之間連接的區域被視為珍貴的主食。

乳糖悖論

最初的奶農與乳品有著複雜的關係。過了童年初期，他們就跟當今65%-75%的人口一樣，無法完全消化乳汁中的乳糖。當我們還是嬰兒時，透過母乳獲取全部營養，因此胃會分泌一種名為乳糖酶（lactase）的酵素，將乳糖分子分解成兩種容易被身體吸收的單醣：葡萄糖和半乳糖。然而，斷奶以後，多數人會失去生產這種酵素的能力，這種情況的學術名稱是乳糖酶耐受不良（lactase nonpersistence），熟知為乳糖不耐症（lactose intolerance），我們的祖先也是如此。

距今不到八千年前，有些成年人開始保有分泌乳糖酶的能力（稱作乳糖酶續存性，lactase persistence）。出乎意料的是，發展出這種能力的人並非來自優格之地的祖先，而是住在更北方的農民，那裡的白日和作物生長季節較短。從演化的角度來看，這種基因突變在當地的人群中迅速傳播。解釋其原因的理論林林總總，但各方的共識是，乳糖耐受性的發展，承受了極大的基因壓力。換言之，能夠消化新鮮牛奶的人更有可能在北邊的緯度地區生存與繁衍。

對於當今無法輕易消化乳糖分子的人而言，好消息是發酵會減少乳汁中的乳糖含量。乳汁發酵時，乳酸菌會藉由幾個步驟將乳糖轉化為乳酸和其他副產品。乳汁發酵的時間越長，殘留的乳糖便越少（直到乳汁的酸性程度能抑制微生物生長）。若進一步將濃稠變酸的乳汁過濾，則會去除更多乳糖。如此便能解釋為什麼發酵乳歷來（至今仍是）在擁有乳糖不耐居民的地區，會率先出現。

等等，還有更多！一旦你喝完優格或克菲爾，消化系統會殺死許多發酵細菌並釋放更多分解醣類的酵素，能夠分解某些腸道殘留的乳糖。根據個人對乳糖不耐的程度，你的身體或許能輕易消化發酵乳製品，並充分利用其有益健康的成分。

優格的名稱來歷

優格歷來備受人們喜愛，名稱不計其數（見右表），如今最常用的名稱「yogurt」，被認為可能是由土耳其語中意味著「使其濃稠、使其凝結」的「yoğurmak、jugurt」等字詞而來。老普林尼（Pliny the Elder，經常被引述的羅馬作家與博物學者）公元前一百年的著作中，曾出現優格一詞；十一世紀的土耳其典籍，也將優格描述為治療各種疾病的食品。據說優格曾是成吉思汗（Genghis Khan）的主要膳食；而法國國王法蘭西斯一世（King Francis I）亦於1542年將優格帶到法國。優格在歐洲、中東和亞洲廣受歡迎的現象，從其舊稱與流傳至今的眾多名稱便可證實。

「kefir」一字與團狀的克菲爾菌（稱作克菲爾粒）之起源皆無從得知。有人說是土耳其語中表示「長壽」與「美好生活」的字根；也有人說是來自古突厥語（Old Turkic，來自亞洲和歐亞大陸的一批語言）代表「泡沫」的字詞「köpür」。我瀏覽過的一個俄羅斯網站聲稱這個字表示「逸樂飲品」。各方的共識是，居住在黑海與裏海間的高加索地區之人民，已經長年飲用克菲爾這種飲品。據說，克菲爾粒被視為是先知穆罕默德所賜的禮物，為家中的珍寶，不得與外人共享。有一則關於某位年輕美麗的女子、間諜活動與綁架事件的真實故事，描述克菲爾粒如何在二十世紀初期由與世隔絕的地區被帶至俄羅斯現代的市場，情節曲折離奇，值得拍成電影（故事全文詳見頁16）。

優格在世界各地的名稱

國家	優格名稱
土耳其	Jugurt、yoğurmak
希臘	Yiaourti
喬治亞、亞美尼亞、亞塞拜然	Katyk、madzoon、matsoni
俄羅斯	Donskaya、guslyanka、kurugna ryzhenka、varenetes
黎巴嫩	Laban、leban
埃及、蘇丹	Zabady
伊朗、阿富汗	Doogh、mast
伊拉克	Roba
印度、巴基斯坦	Dadhi、dahi
蒙古	Tarag
尼泊爾	Sho、shosim、thara
芬蘭	Viili
斯堪地那維亞半島	Fillbunke、filmjölk longmjolk、sumelk taettem
冰島	Skyr
葡萄牙	Iogurte
法國	Yaourt
英語系國家	Yoghurt、yogurt

克菲爾如何傳至俄羅斯

數百年來，克菲爾因其藥用價值而備受人們喜愛。
以下節錄的故事由「Yemoos Nourishing Cultures」網站授權刊登（請見「資源」）。

直到19世紀末期，新聞報導了克菲爾的研究成果，指出其能有效治療肺結核與腸胃疾病，克菲爾才流傳至高加索以外的地區。然而，克菲爾極度難取得，若不先獲得克菲爾粒，根本無法量產。

全俄羅斯醫師協會（All-Russian Physicians Society）的成員決心取得克菲爾粒，以製造克菲爾供病患食用。二十世紀初期，該協會的一位代表與布蘭多夫（Blandov）兩兄弟接洽，請他們設法取得克菲爾粒。布蘭多夫兄弟是莫斯科乳品公司（Moscow Dairy）的持有者和經營人，他們在高加索山脈地區也有土地，包括位在基斯洛伏次克（Kislovodsk）小鎮的起司製造廠。協會計畫讓布蘭多夫兄弟取得克菲爾粒，並在莫斯科量產克菲爾。

布蘭多夫兄弟很興奮，因為他們知道自己將是這種備受追捧產品的唯一製造商。尼古拉·布蘭多夫（Nikolai Blandov）派了一位年輕美麗的員工伊琳娜·薩卡羅娃（Irina Sakharova），前往當地王子貝克—米爾扎·巴喬羅夫（Bek-Mirza Barchorov）的宮廷，迷惑並說服王子施予她一些克菲爾粒。

不幸的是，事情未依照計畫進行。王子對年輕的伊琳娜深深著迷，不想失去她，但又擔心違反宗教法律會得到報應，所以不想交出任何「先知之糧」。伊琳娜與夥伴知道無法達成任務，便動身返回基斯洛伏次克。在返家的路上，他們被山中的部族攔住，並綁架了伊琳娜，將她帶回王子身邊。由於偷新娘是當地的一項習俗，伊琳娜被告知她得嫁給巴喬羅夫。幸好伊琳娜的雇主代理人執行了大膽的救援任務，才使其免於被迫出嫁。倒楣的王子被帶到沙皇面前認罪，並被下令給予伊琳娜4.5公斤克菲爾粒，作為她遭受侮辱的補償。

克菲爾粒隨後被帶到莫斯科乳品公司，第一瓶克菲爾飲料亦於1908年9月在莫斯科上架販售。該地區的數個小鎮會少量生產克菲爾，多數人認為其具有療效，都會去買來飲用。

克菲爾的商業化大規模生產始於1930年代的俄羅斯。1973年，蘇聯食品工業部長致函伊琳娜·薩卡羅娃，感謝她將克菲爾帶給俄羅斯人。

優格與類優格發酵物的興起

優格如今的興盛始於二十世紀早期，當時的俄羅斯科學家兼諾貝爾獎得主埃黎耶·梅契尼可夫（Elie Metchnikoff／Ilya Mechnikov）提出結論，認為保加利亞人的健康長壽，歸因於將含有保加利亞乳酸桿菌（Lactobacillus bulgaricus）的優格當作主食。這種細菌在前幾年剛被保加利亞的醫學系學生史特門·格里戈羅夫（Stamen Grigorov）發現。梅契尼可夫指出，飲食中若含有這些乳酸桿菌，可以避免腸道中病原微生物的不良影響。

二十世紀初期，巴爾幹戰爭（Balkan Wars）在今日的希臘境內爆發，艾薩克·庫拉索（Isaac Curasso）與其家人為了逃離戰火，移居到西班牙。艾薩克熟知梅契尼可夫提出優格中含有乳酸桿菌的觀點，他在巴塞隆納看到許多孩子因腸道感染而受苦，並且相信優格（一種巴爾幹主食）可以幫助這些孩童。1919年，庫拉索開了一家小店鋪販售優格，並以兒子丹尼爾（Daniel）的名字，將店鋪命名為達能（Danone）。1929年，丹尼爾·庫拉索（Daniel Curasso）在法國設立了一間優格工廠。同年，由亞美尼亞移民羅賽（Rose）與薩基斯·科倫坡西安（Sarkis Colombosian）共同創立的公司「科倫坡優格」（Colombo Yogurt），也開始在麻薩諸塞州的安多弗（Andover）量產優格。幾年後，庫拉索家族在納粹的迫害與威脅之下從法國逃往北美，並於1941年成立達能優格（Dannon Yogurt），至今仍在營運。

創立的前幾年，達能優格一直在苦撐。直到1940年代後期，丹尼爾的合夥人胡安·梅茨格（Juan Metzger）提出一項精明的銷售手法——在每杯優格底部加入果醬。以果醬為底的優格因而誕生，公司的業績亦蒸蒸日上。（有關優格歷史的精彩片段，詳見頁217的時間軸。）

果醬能讓優格大賣是有道理的：人類天生就愛吃糖。基因的設計，讓我們渴望能快速補充能量的食物以求生存。然而，如今含糖食品隨手可得，早已超越人體進化、常識與自我調節能力所能掌控。百年來的行銷趨勢、市場擴增與商業競爭，造就現代的便利商店應運而生。店內各種商品的設計，都是為了在口味、賣相，與最重要的銷售量上，勝過其他競爭品。裡頭添加了糖、減少脂肪、額外的增稠劑、食用香料、人造色素與各種新花樣——應有盡有，優格亦早已無法免俗（克菲爾由於才剛興起，尚未見到同等程度的外來干涉，但這一日總會到來。）

與此同時，優格與類優格的發酵品在世界上的其他地區，包括起源的「優格之地」，開始出現獨特的區域特徵——有些是由發酵者創造，有些則是受到天然微生物的影響。芬蘭優格（viili，頁111）或許是最黏稠的膠狀優

格，由斯堪地那維亞半島發展出來，已經被重新培養和傳承了多個世代。在俄羅斯與部分東歐地區，人們會將牛奶烤成散發焦糖味的深棕色，通常表面會帶有斑駁的牛奶皮，接著進行培養以製作俄式烤優酪（ryazhenka，頁79）。越南的優格則是由煉乳與高溫處理過的牛奶混合製成（頁82）。

如果你去逛一家典型的美國雜貨店，可能會發現優格區的走道至少有3.5公尺長。（我家附近克羅格公司〔Kroger〕旗下的雜貨店，開闢7公尺長的空間專門販售優格與克菲爾，外加3.5公尺長的「天然與替代」發酵乳區。我曾經想要計算一共有多少品牌和口味，但沒有足夠的時間算完！）你可能找不到用全脂純牛乳製作的優格，就算找到了，可能也添加了脫脂奶粉、關華豆膠（guar gum），或鹿角菜膠（carrageenan）等增稠劑。

優格起初是極為健康的食物，如今卻經常被高度加工，含糖量甚至足以稱作甜點。我們也可以說，糖分的添加抵銷了益生菌的作用，因為腸道細菌不偏好高糖分飲食。

自製優格時，可以避免添加所有不必要的糖和添加劑，亦能夠自行選用乳品，甚至減少包裝浪費以愛護地球。此外，你可以製作最健康、最純與最美味的優格，成本比專門雜貨店的高端產品要便宜許多。書中討論的其他發酵乳亦是如此，談到健康、風味、成本和生態效益時，自製永遠是最棒的。

保加利亞乳酸桿菌的爭論

為了稱頌長壽的保加利亞人而得名的優格細菌——保加利亞乳酸桿菌（*Lactobacillus delbrueckii, bulgaricus*，簡稱 L. 或 Lb. bulgaricus），起初被認為是食用優格的人得以健康長壽的原因。然而，從它被發現至今已過了一個多世紀，仍有廣大爭議探討其是否符合益生菌定義。2005 年，有兩項研究提出了相反的結果！一項研究發現它屬於益生菌；另一項則持反對意見，問題可能在於認定的定義。當保加利亞乳酸桿菌與其優格發酵夥伴嗜熱鏈球菌（*Streptococcus thermophilus*）在小腸內被膽汁分解時，兩者都會釋放分解乳糖的乳糖酶。根據某些定義，它們可以幫助消化，因此屬於益生菌。然而，某些研究顯示這些細菌通過腸道時無法存活（這是目前定義益生菌的另一種方式）。

足以確定的是，只要爭論未停，便能預見這兩種細菌時而被標示為益生菌，時而為非益生菌。只有時間能證明科學家埃黎耶‧梅契尼可夫是否正確。

第二章
漫談乳品和微生物

本書中談到的發酵有兩個組成要素，分別是乳汁（動物性或植物性）和微生物菌種。對於純粹主義者（purist，譯注：在語言中意指講究文字的人）而言，「*milk*」一詞只能表示乳腺的分泌物，然而許多食品公司和消費者也會將椰子與黃豆等植物提取的偏白色液體稱作乳汁。書中提到的乳汁若非出自乳腺，便會指出來源，例如「杏仁」奶（*almond milk*），並且不會用「動物奶」（dairy）來描述黃豆或椰子等來源的產品。

各種乳汁的外觀第一眼看起來都一樣，呈白色液態，且在美國各處的市場與加油站皆能取得。然而，經驗和研究告訴我們，並非所有的乳汁都是相同的。發酵乳品的好壞與乳汁息息相關。

動物奶

用於發酵最好的乳汁是直接從動物而來，並且絕對不能冷藏、均質化（homogenize）、包裝或運輸。我最喜歡的格言是「乳汁絕對見不得日光」。換句話說，天然的乳汁是直接從母體的乳頭注入幼體的嘴巴，進入胃部後便立即被酸化和凝結。為了將乳汁保存作為飲品，所添加的每一個步驟都會降低其品質和特性。人類所能模仿與自然界最接近的方式便是從動物身上擠出乳汁後，立即將其發酵成優格、克菲爾或起司，過程就像幼小哺乳動物的胃所做的事。

最常見的動物奶來源是乳牛和山羊。綿羊奶很難取得，但當然可以在家自行生產。水牛（water buffalo）則又更少，因此也更難取得其乳汁！即使無法用綿羊奶或水牛乳自製發酵品，在市面上看到這類商品時，依舊很值得試試看。在選擇和使用乳汁時，每種類型都有其特點。

山羊奶（GOAT'S MILK） 的脂肪非常細緻，容易因受到破壞而迅速改變風味，產生一股「山羊騷味」（goaty）。然而，新鮮的山羊奶經過適當處理後，口味清爽，不具有麝香味（musky）或土腥味（barnyard）。許多種類的山羊因其乳汁的蛋白質與脂肪類型不同，製成的優格偏稀薄。奈及利亞侏儒山羊（Nigerian Dwarf goat）、努比亞山羊（Nubian goat）和賴滿嬌山羊（LaMancha）通常含有較多好的蛋白質，而奈及利亞侏儒山羊和努比亞山羊其乳汁的乳脂（butterfat）含量較高，是製作天然濃稠優格與克菲爾的絕佳選擇。山羊奶缺乏一種存在於牛乳中的特殊蛋白質（冷凝球蛋白，cryoglobulin），因此脂肪球會聚集並浮至頂部，產生滑順的口感。

綿羊奶（SHEEP'S MILK） 的口感也應該是乾淨而清爽，但有時會被羊毛脂（lanolin）所污染。羊毛脂是存在於綿羊毛和乳房中的天然蠟質，會意外融入採集的乳汁，使綿羊奶及其產物產生不好的風味和黏稠的口感。由高品質的綿羊奶製成的優格和克菲爾通常非常濃稠綿密，歸功於高蛋白質與脂肪含量以及蛋白質類型。綿羊奶與山羊奶一樣，乳脂不會輕易和乳汁分離。

水牛乳（WATER BUFFALO'S MILK） 可以製成非常濃郁的優格。幾年前我曾嚐過位於弗蒙特州的前伍德斯托克水牛（Woodstock Water Buffalo）公司所生產的產品。至今仍記得那是我吃過最精緻的優格。水牛乳綿密濃醇，無與倫比。我聽說犛牛乳也很類似，但是其乳脂會分離與水牛乳不同。

保持新鮮

請記得先前提到的格言：乳汁絕對見不得日光。然而，現實中的乳製品必須得冷藏和儲存。因此若想自製發酵乳，對於乳汁及其來源應該了解些什麼，才能安心地製造給家人和朋友品嚐呢？

市售奶類

多數人在家自製發酵乳會使用市售的奶類。幸好，經加工的市售奶類多數都能製成美味的發酵乳製品。於商店購買奶類時，必須考慮一些資訊：有效期限（選擇最新鮮的）；經過超高溫殺菌（ultra-pasteurized）、巴氏殺菌（pasteurized）或是生乳（若你居住的州，恰好可以合法向商店或農民購買生乳）；脂肪含量（脫脂、1%、2%或全脂）；均質或表面帶有乳脂；是否經由有機認證；是否添加維生素或其他營養素；任何廠商用來描述製程的行銷術語，例如乳牛是否為草飼。

第四章會介紹各種熱處理法，但通常所有的市售奶類都經過巴氏殺菌。超高溫殺菌奶類被加熱至更高溫，因此保鮮期最長。然而，這種熱處理方式會改變乳蛋白（milk protein），導致其不適合用於製作某些產品。儘管製作起司不能用超高溫殺菌奶類，卻可以用其製作優格和克菲爾，並且還可以節省一道工序！（更多訊息，詳見第八章。）生乳（若能取得）未經過熱處理，但通常是在某種監管機制下生產。

脫脂奶粉（*Powdered Skim Milk*）

市售優格通常會添加脫脂奶粉以增加濃稠性與蛋白質含量。脫脂奶因缺乏脂肪含量，用於乾燥可避免酸敗（rancidity）。脫脂奶粉亦可用於製作優格和克菲爾，但這不是我最喜歡的方式，因為即便是最優質的奶粉，也免不了帶有一股煮過的加工味道。

紅杉山農場與乳製品廠
（Redwood Hill Farm & Creamery）
加州，塞巴斯托波（SEBASTOPOL）

珍妮佛‧比斯（Jennifer Bice）是紅杉山農場與乳製品廠的創始人與前任總裁，我有幸在十年前與她結識。許多人因為山羊而聚在一起，多虧有珍妮佛這樣坦率仁慈的人，山羊的世界才能變得更好。或許，更重要的是，有了這間公司率先生產山羊乳製品，其他地方才能變得更好。

珍妮佛的父母於 1970 年創立紅杉山農場，是美國首間山羊奶克菲爾的製造商。他們之所以選擇克菲爾，是因為其適合飲用的質地與山羊奶非常吻合，恰好能滿足舊金山灣區注重健康的客群。然而，當時多數的美國人幾乎未曾聽過優格，更別說是克菲爾。儘管有一小群忠實的支持者，這項產品最終仍被停產。珍妮佛記得自己從小就喜歡克菲爾。她說道：「它很濃，就跟奶昔一樣。」

1978 年，珍妮佛與同為山羊迷的丈夫史蒂芬‧沙克（Steven Schack）繼承了搖搖欲墜的農場。珍妮佛當時仍在大學就讀，但夫妻倆希望能想辦法增加收入，以繼續飼養山羊，於是他們專注於擴展乳品業務。

夫妻倆成功地振興了農場，並於 1982 年在美國推出第一款市售的山羊奶優格。此時，更多的人開始關注優格對健康的益處。此外，紅杉山農場透過現存的死忠客戶與乳品銷售通路，幫助打開了山羊奶優格的市場。

為了製作能夠吸引客戶且便於運輸至市場通路的濃醇優格，夫妻倆向珍妮佛的哥哥凱文‧比斯（Kevin Bice）請益。凱文當時在加州州立理工大學（Cal Poly）攻讀乳類科學，實驗過多種不同的原料將優格稠化。他研發用木薯根（cassava root）萃取的木薯澱粉（tapioca starch），在不改變風味或添加過敏原（allergen）的情況下，增加優格的濃稠度。（木薯澱粉也是我的增稠劑選項。如何運用於食譜，詳見頁61表格）

紅杉山農場與某間包裝公司合作長達18年的時間，由其協助將優格裝入杯中進行培養。2004年，該公司在塞巴斯托波建造了今日寬敞且先進的設備，從頭到尾自行生產優格。當時廠房建得太大了，卻是一步好棋。幾年後，某間他們認識且尊敬的有機乳品公司因其而丟了銷售的客戶。珍妮佛知道市場需要不含乳糖的產品，於是開始收購牛奶，迅速利用了工廠多餘的空間。2010年，綠谷乳品（Green Valley Creamery）的無乳糖牛奶優格上市。這個品牌目前也有生產無乳糖的克菲爾、酸奶油（sour cream）、奶油起司、茅屋起司（cottage cheese）和奶油。珍妮佛說道：「我們的許多客戶沒有乳糖不耐症，但我們的產品非常美味，若某個家人需要無乳糖的產品，其他人也能一同享受。」關於如何自製無乳糖的乳品，詳見頁51的方框文字。

這間公司在過去50年歷經了巨大的改變，包括史蒂芬於1999年不幸逝世。2015年，紅杉山農場與乳製品廠與其前述兩個品牌的全美通路都轉售給瑞士的伊美公司（Emmi），該公司堅持永續發展與一流的管理深得珍妮佛喜愛。在公司成立50週年時，珍妮佛卸下總裁一職，但仍保留了原始的紅杉山農場（又名Capracopia），此處不僅是約300頭山羊的快樂家園，還有橄欖樹、啤酒花（hop）、果樹、蜂箱、雞，甚至是菜園。珍妮佛說，她不僅仍住在父母建立的農場，她的哥哥史考特（Scott，擔任農場經理）與妻子克里斯蒂（Cristi）以及兩個孩子也都住在這裡，而且擁有自己的山羊，這樣的生命已經圓滿了。

更多關於紅杉山農場與乳製品廠以及綠谷乳品的訊息，包括活動、旅遊資訊、山羊奶和無乳糖產品的資料，請造訪其網站（見頁218「資源」）。

商業生產的牛乳，其脂肪含量通常是固定的──全脂牛乳的乳脂介於3.2%-3.5%，脫脂牛乳則介於0.1%-0.2%。多數的牛乳還會經過均質化（homogenization）的機械式處理，將脂肪球破壞，使其不再分離並浮至表面。只有非均質化且表面帶有乳脂的牛乳可以肯定是全脂牛乳，換句話說，其中含有動物產生的天然脂肪。（山羊奶、綿羊奶和水牛乳因其乳脂不會和乳汁分離，通常保有全部的天然脂肪。）除非食譜有明確指出特定的脂肪含量，否則可以使用任何喜歡的奶類。脂肪含量越高，口感就越滑順。我喜歡全脂奶類，因為脂肪球含有維生素，能幫助人體吸收乳汁的營養。所幸，醫學界和科學界又再度肯定全脂奶類的健康特性！

多數市售奶類還會添加維生素D，因為去除天然脂肪的標準化過程亦會造成維生素D流失，並藉此彌補一般人飲食中所欠缺的營養素。有些奶類還會添加維生素A或omega-3脂肪酸（通常以魚油形式存在）。維生素D和omega-3都不會妨礙乳品發酵。標示草飼或有機的奶類最有可能含有較多的β-胡蘿蔔素，與完全封閉飼養的乳牛其乳汁相比，顏色會帶金色。

自產奶類

我對這個主題有很多想法，因此曾著有《小規模自製乳品》（The Small-Scale Dairy）加以討論，此處我將內容作個總結。如欲自行生產安全且美味的奶類，必須大量學習如何維持動物健康及正確收集奶類。整個過程耗費精力，但成品可能會優於市售的任何奶類。

動物的疾病可以經由其乳汁傳染給人類（稱作人畜共通傳染病〔zoonotic disease〕）。此外，即便動物沒有生病，但欠缺活力或是未被妥善飼養，其乳房也可能帶有極危險的細菌（有時候無任何症狀）。

乳汁必須用非常乾淨的方式從健康的動物身上取得，經由過濾後迅速冷卻，以避免過程中微生物繼續生長。採集乳汁的地點與動物的清潔程度等因素會大幅影響過程中所收集到的細菌、酵母菌和黴菌的數量。

如欲使用未經過熱處理的生乳進行發酵，就必須了解好的衛生之重要性！然而，若打算對乳汁進行熱處理（頁44），應該能去除任何危險。記住，乳汁越乾淨，味道就越好。

農產奶類

你居住的州也許可以直接向農民購買奶類。儘管A級巴氏殺菌的奶類（商店販售的種類）受到美國食品藥物管理局（Food and Drug Administration，簡稱FDA）的嚴格控管，但各州可以自訂法規，允許並管理農場將未經巴氏殺菌的奶類直接販售給消費者。通常法規會給農民設限，例如可以採集的動物數

漫談乳品和微生物

量或可以出售的奶量。某些州允許所謂的「牧群分享」（herdshare），讓消費者擁有乳牛、山羊或綿羊的全部或「部分」所有權，並付款請農民照顧這些牲畜，以換取部分的奶類。然而，各州對於「牧群分享」的程度與合法性差異極大。

　　若由上述的任何一種方式取得乳汁，就必須為了自己和家人了解農民如何照顧牲畜健康和採取的安全措施。相信我，任何值得信賴的農民，都會了解你的求知慾望，並樂於回答任何問題。若他們不願意坦白採集乳汁的過程，我強烈建議你尋求其他來源，即便是購買市售的巴氏殺菌乳品。

乳汁的組成

乳汁由水、脂肪、蛋白質、礦物質與其他次要成分組成。大自然用理想的比例將這些成分包含在乳汁中，用於滋養幼體。事實上，母乳的組成會隨著哺乳期而改變，以滿足嬰兒成長過程的不同需求！只要牢記這一點，就能理解為什麼單一來源和少量畜群產出的奶類會如此多變。

有機與人道畜牧認證的奶類

若想飲用有益健康的乳品，又想了解飼養牲畜的細節，有機奶類是不錯的選擇。詳細的文獻記載，食用天然食物的動物（例如在牧場吃草的乳牛或山上放牧的山羊），其乳汁含有較高百分比的omega-3脂肪酸，而典型的西方飲食通常欠缺這種營養素。儘管非有機乳牛可以用牧草餵養，卻無法從乳品的標籤分辨，然而經由有機認證標準管理的乳牛必須有一定的放牧時間，因此便可得知有機標示的乳品可能含有更多的omega-3。有機標準禁止餵食抗菌劑（antimicrobial，又稱抗生素）以提升產量。令人驚訝的是，某些屬於離子載體（ionophore）的抗菌劑，被美國食品藥物管理局認為無用於治療人類疾病，因此被允許被當作牲畜的飼料補充劑。所有的奶類，無論是否經過有機認證，都必須通過不含某些抗生素的測試，以避免消費者產生不良反應與防止微生物出現抗藥性。若牲畜生病或受傷，無論其是否處於有機認證的程序，依法規定都必須施予可挽救生命的抗生素。然而，為了遵守美國的有機認證程序，該牲畜不可再替農場生產乳品。（在歐洲和加拿大，只要一段時間未使用該牲畜的乳汁，未來仍然可以繼續生產。）

　　人道畜牧認證（humane certification）將有機認證往前推進一大步，涵蓋了動物護理的各個層面，包含後代治療。此認證方式允許分泌乳汁的牲畜接受適當的藥物治療，並且一段時間避免使用其乳汁即可。如此能讓沒有能力或甚至不願意將治療的牲畜送走的小型牧場受惠。

然而，當人們以工業規模處理乳汁時，這些因素幾乎都被去除了。因為乳汁是從不同農場和處於不同哺乳時期的牲畜所收集而來，並且伴隨著標準化過程將脂肪含量統一。就某種角度而言，這讓市售的奶類更容易被使用，即便多少會讓人失望，其成分卻更加一致。我們來看看使乳汁順利發酵的重要成分，以及其如何隨物種、品種和季節性等因素而改變。

水

乳汁的主要成分是水。然而，與脂肪、蛋白質、乳糖和礦物質等固態成分相比，即使水分含量稍有變化，也會使發酵品產生不同的濃稠度。綿羊和水牛的乳汁濃度較高（水分含量較低）。即便是同一個物種，品種不同所產生的乳汁，水分含量也相差甚遠。例如，壯碩的荷蘭乳牛（Holstein cow）其乳汁比小型的娟姍牛（Jersey cow）更稀薄。山羊亦是如此，美國最大型的乳用山羊——撒能（Saanen），與最小型的奈及利亞侏儒山羊相比，前者乳汁的水分較多，固體含量較少。了解這一點，可以幫助調整食譜以獲得最佳成品。

乳糖

這個主題很複雜，亦或是乳糖是十分複雜的醣類。乳糖是葡萄糖和半乳糖的連續體。你鐵定聽過葡萄糖，但半乳糖比較陌生，因為其在乳品發酵的過程中的確扮演著次要的角色。許多成年人無法消化乳糖——如前所述，他們的身體無法產生乳糖酶這種酵素，因此不能將乳糖分解成兩種單醣，提供人體使用。然而，使乳品發酵的乳酸菌亦會產生乳糖酶，能初步將乳糖分子分解為葡萄糖和半乳糖，再透過各種分解途徑產生乳酸（lactic acid，有時還會產生乙醇和二氧化碳）。乳品發酵越久，細菌便會分解越多乳糖，然而過程結束時，通常會殘留一些乳糖、葡萄糖和半乳糖。因此，即便是有輕微乳糖不耐症的人通常也能消化發酵乳。

　　一般來說，哺乳期即將結束時，幼獸將不再需要以乳汁作為主要能量來源，因此乳汁中的乳糖含量會減少。若使用自養動物的乳汁來製作優格和克菲爾，可能會發現接近哺乳期的尾聲，優格或克菲爾會需要更多時間才能變稠並達到偏好的酸度。通常是因為乳酸菌能攝取的乳糖較少，無法快速產生等量的乳酸。它們最終或許能達成目標，只是需要更久的時間。（還有其他較少見的因素亦會減緩發酵速度。）

　　馬乳酒是由馬奶發酵製成，其乳糖含量（超過6%）比牛乳、山羊奶或綿羊奶高得多。馬奶含有更多糖分，因此發酵的程度更高，可以轉變成啤酒般的發酵飲。第六章我們會嘗試製作馬乳酒。

蛋白質

乳汁內的蛋白質可分成兩種：酪蛋白（casein，由於其是構成起司的基礎物質，有時又稱起司蛋白）和乳清蛋白（whey protein，通常製作起司時會隨著液態乳清而流失）。蛋白質的總含量約介於3%-4.5%，通常會稍微低於同種乳汁內的脂肪。平均而言，牛乳的酪蛋白和乳清蛋白比例約為八比二，山羊奶則是七比三。

酪蛋白可細分為好幾種，有些適合用於製作起司。製作起司時會添加凝乳酶（rennet），使乳汁的蛋白質聚集或凝結，形成膠狀的凝乳，某些酪蛋白基本上會更容易形成這類膠狀物質。然而，製作優格和克菲爾不必仰賴凝乳酶，發酵細菌產生的酸會使乳汁的蛋白質相黏而非互相排斥，進而稠化乳汁。（冰島優格是個例外，製作時要使用少量凝乳酶，見頁87食譜。）因此，乳汁中的酪蛋白種類，對於製作優格和克菲爾而言，不如起司製作來得重要。話雖如此，酪蛋白的總含量確實很重要。參考頁28的圖表，便會發現不同物種間的總蛋白質含量相差甚遠。乳汁的蛋白質含量越多，發酵物就越濃稠，最終的成品自然也是更好的蛋白質來源。

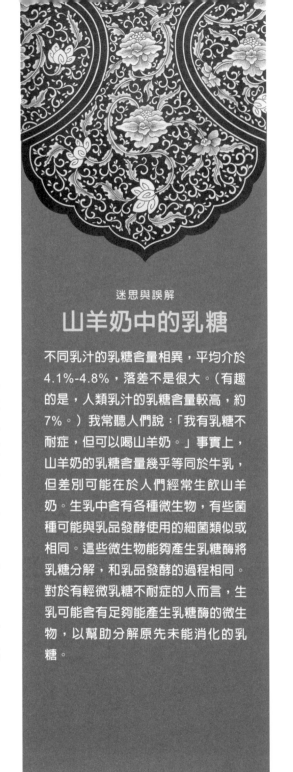

迷思與誤解

山羊奶中的乳糖

不同乳汁的乳糖含量相異，平均介於4.1%-4.8%，落差不是很大。（有趣的是，人類乳汁的乳糖含量較高，約7%。）我常聽人們說：「我有乳糖不耐症，但可以喝山羊奶。」事實上，山羊奶的乳糖含量幾乎等同於牛乳，但差別可能在於人們經常生飲山羊奶。生乳中含有各種微生物，有些菌種可能與乳品發酵使用的細菌類似或相同。這些微生物能夠產生乳糖酶將乳糖分解，和乳品發酵的過程相同。對於有輕微乳糖不耐症的人而言，生乳可能含有足夠能產生乳糖酶的微生物，以幫助分解原先未能消化的乳糖。

脂肪

乳汁的脂肪又稱乳脂，根據物種、品種、哺乳階段和動物的飲食（有趣的是，此處指的不是食用的脂肪，而是纖維種類）有很大的差異。乳脂不僅提供營養的卡路里，還能帶來好的口感。脂肪球裡包含維生素 A 和 D 等脂溶性維生素。乳脂本身不會凝結，而是與乳汁中聚合的蛋白質一同懸浮。事實上，乳脂含量越高，凝乳的質地便越不堅固。

礦物質

鈣之類的礦物質在製造優格和類優格發酵品的過程中並非主角，然而卻在製造起司的複雜發酵過程中，擔任協助凝乳酶使蛋白質凝結的重要職位。然而，真正的發酵乳之所以營養豐富，是因為含有礦物質。通常乳汁的蛋白質含量（尤其是酪蛋白）越高，礦物質含量就越高。

植物奶

植物奶針對乳品過敏、乳糖不耐症或擔心動物受虐的人提供了另一個選擇。然而，植物奶可能難以發酵，且風味與發酵動物奶不太相同。若想自製真正的維根產品，必須確認使用「非動物奶」（nondairy）或「不含動物乳品」（dairy-free）標示的微生物菌種。第七章列出了一些菌種選項，見頁125。

植物奶不含乳糖，而乳糖是優格和克菲爾發酵細菌的主食。植物奶亦缺乏使發酵乳更濃稠的乳蛋白（酪蛋白）。因此，植物奶發酵品通常得添加糖和增稠劑。請記得，細菌需要糖才能發酵，因此它們會利用能提供葡萄糖的來源（例如砂糖和蜂蜜）。添加增稠劑不一定對身體有害。事實上，許多增稠劑能提供少量營養價值或其他健康益處。關於自製植物奶的指示，詳見頁120。

乳用牲畜與其平均乳汁成分

牲畜	乳糖	脂肪	總蛋白質
乳牛	4.8%	3.7%	3.4%
山羊	4.1%	4.5%	2.9%
綿羊	4.8%	7.4%	4.5%
水牛	4.5%	6.0%	4.5%

資料來源：P. F. Fox, T. P. Guinee, T. M. Cogan, and P. L. H. McSweeney, Fundamentals of Cheese Science (Aspen Publications, Inc., 2000), and R. K. Robinson and R. L. Wilbey, Cheesemaking Practice (Kluwer Academic/Plenum Publishers, 1998

　　豆漿的製作過程是將乾燥黃豆浸泡後加以研磨，並將混合物過濾以提取汁液。若使用發芽的黃豆，新鮮的豆漿將美味又健康，因為發芽能釋放新鮮黃豆某些無法被消化的成分（譯注：黃豆含胰蛋白酶抑制劑，發芽過程會將這類物質降解破壞，提高蛋白質的利用率。此外，黃豆的礦物質通常與植酸結合，形成植酸鹽，而發芽能分解植酸鹽，提升礦物質的利用率）。只可惜市售的豆漿並非由發芽黃豆製成。豆漿中的天然糖分替乳酸菌提供了食物——通常足以供其將豆漿發酵至接近動物性優格的酸度。新鮮的自製豆漿是最好的，但某些市售的冷藏新鮮豆漿也不錯，只要避免購買含有許多添加劑的保久型產品即可。

　　杏仁奶的製作方式與豆漿相同。將杏仁浸泡後磨碎，過濾混合物以提取液體。如欲將杏仁奶轉化成克菲爾或優格，必須添加糖和增稠劑。新鮮的自製杏仁奶是最好的，但某些市售的冷藏新鮮杏仁奶也不錯。跟豆漿一樣，避免購買保久型的種類。

　　椰奶是由椰子的白色果肉製成，將其磨碎後與熱水混合，壓碎並加以過濾。根據添加的水量，最終會得到稀薄或濃稠的各種椰奶。為了創造出優格熟知的濃稠度，必須視椰奶的濃度來添加不等量的增稠劑。罐裝椰奶不如自製的新鮮，但我會用它搭配椰漿做飯。其摻假成分最少且最濃稠。

我認為用椰奶製成的維根發酵品最美味，加上我喜歡椰子的味道！

　　如今市面上還有其他種類的植物奶，包括大麻籽奶（hemp milk）、澳洲堅果奶（macadamia milk）、腰果奶（cashew milk）和米漿（rice milk）。多數以飲料的形式販售，並包含許多其他成分，包括增稠劑和調味劑。這些都可以用來製作植物奶發酵品，但是跟其他植物奶一樣，可能需要添加糖和增稠劑。

微生物是否會發酵得當，或是從中破壞——最糟的情況是，食用發酵乳後生病。因此，多數的時候我們必須將可靠的發酵微生物加入乳汁（世界上仍有用野生微生物將乳汁發酵的作法，有些會使用有趣的微生物來源，甚至包括香蕉葉）。我們添加的菌種可以是粉末（冷凍乾燥）或新鮮的（少量前批發酵物），有些是世代相傳的祖傳種。我們還有所謂的克菲爾粒——專門用來製作克菲爾的團狀微生物群。

微生物培養物

細菌、酵母菌和黴菌等微生物負責發酵。若發酵乳汁，通常由細菌負責，有時也會有酵母菌。這些微生物統稱為「培養物 / 菌種」。第一章指出，當乳汁離開動物的乳房時，環境中自然存在的微生物隨時會進入乳汁。（注意：植物奶製作時的加工步驟，導致其不太可能用內部的野生微生物創造良好的發酵品。）乳品發酵時，我們通常無從得知這些「野生」

粉狀培養物

只有少數製造商生產粉狀培養物/菌粉，並且大多位於歐洲。這些菌種被培養後會經過標準化處理，以確保可產生適量的酸，並進行病原體測試、冷凍乾燥、包裝及註明批次和有效期。因此，大型製造商很適合使用菌粉，因為其必須遵守嚴格的食安規定。

定義培養

發酵和製作起司時，「culture」一詞可以當作名詞（將「培養物 / 菌種」加入溫乳汁）或動詞（是該「培養」牛乳的時候了）。這個字起源於拉丁語中意指「照顧」或「培育」的「*culere*」一詞（驚訝吧！），和表示「成長」或「培育」的「*cultura*」。將微生物加入乳汁時，就是將其散播在充滿養分的培養基（medium）。這就是為什麼「seed」（種子）與「root」（菌根）這兩個字亦被用來指活的培養物（通常是祖傳種）。

在家自製發酵乳時，使用菌粉也很方便，因為可以放入冰箱保存，需要時再使用。在參考資料和接近食譜的章節，可以找到提供這類菌粉的供應商列表。菌粉經過冷凍乾燥處理，並以小袋或塑膠瓶販售，只要保存妥當，使用期限很長。將其放入冷凍庫盡可能避免受潮，因為水分會使微生物活化，若未立即使用，它們就會死掉。為了避免菌種受潮，最好一次用完，或將其重新密封後再放回冷凍庫。若使用塑膠瓶裝的菌種，請於乾燥處打開瓶子（換句話說，不要在冒煙的乳汁正上方），蓋上蓋子後放回冷凍庫。此外，不要將量匙伸入袋子或瓶中挖取菌粉；要將其倒入量匙，以幫助避免水分和其他污染物進入。

新鮮菌種

你可以用市售的菌種或前批發酵產物來製作優格和克菲爾。不過，這樣做有個前提——為了獲得最好的結果，新鮮菌種的來源必須真正是新鮮的！隨著乳汁逐漸發酵（即便只有幾天），其中的微生物數量會減少，且種類也會改變。用不太新鮮的發酵物當作菌種，可能仍會有不錯的效果，但成品可能不如來源發酵物美味。此外，使用前一批成品繼續重新培養微生物時，可能會發現此菌種的成功率會緩慢且穩定地降低（除非是祖傳種）。但要嘗試了才知道！只要發酵物在食譜指示的時間內稠化變酸，就無關飲食安全，只是外觀的差異。

你也可以將新鮮菌種冷凍。假使製作了一批很好的優格，想用它來製作下一批，但又不想馬上做，就要立即冷凍。將其存放在冷凍庫最冷的位置（任何短暫融化再冷凍的步驟，都會破壞冬眠的微生物）。關於如何將菌種冷凍，詳見頁65。

祖傳菌種

祖傳菌種是乳品發酵世界的根源，它們在朋友和家人間世代相傳。在斯堪地那維亞半島，用於重新再次發酵的發酵團通常被稱作種子或菌根。（業界有時稱這種方法為「潑回」〔slop back〕，聽起來不是那麼吸引人！）祖傳菌種無法用冷凍乾燥、脫水或實驗室培育的菌種來精確複製。其確切組成取決於許多條件，因此，業界將它們視為未清楚定義的培養物。

不同於現代的優格菌種，祖傳種可以代代繁殖。若能取得新鮮的芬蘭優格、酪乳、瑞典發酵乳和裏海優格的種子，或來自舊世界的其他祖傳菌種，請珍惜和培育它們，最重要的是，將其分享出去！

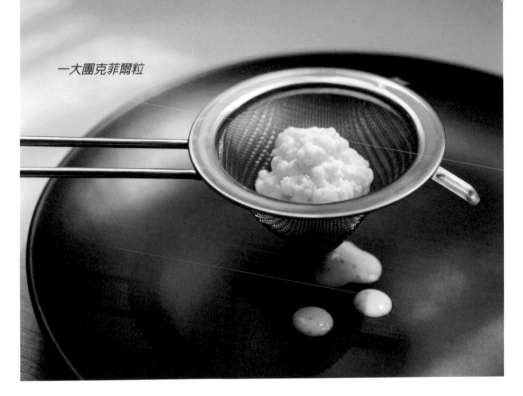

一大團克菲爾粒

克菲爾粒

克菲爾粒是細菌和酵母菌（偶爾會有黴菌）群聚而成的膠狀團塊，是活的發酵微生物來源。主要分成兩種：乳汁克菲爾粒（milk kefir grain，本書簡稱為克菲爾粒）和水克菲爾粒（water kefir grain），兩種都可以買到新鮮、乾燥或冷凍的形式。乳汁克菲爾粒的微生物會發酵乳汁的糖分，而水克菲爾粒則會發酵蔗糖（sucrose，砂糖）。克菲爾粒和酸麵種（sourdough starter）一樣必須定期餵食，否則其多樣性會改變和/或自行死亡。使克菲爾粒保持新鮮或再生（乾燥或冷凍後）需要一點努力，就好像照顧金魚一樣，不過會獲得更多回報。如何照顧克菲爾粒，詳見頁64。

微生物多樣性

乳汁內有各式奇妙的微生物，有些擅長將乳糖轉化為酸和其他副產品，有些專門提供營養與支持其他微生物，有些最擅長提供益生菌和/或外觀上的細微差異。乳品發酵時，這些微生物會協同工作。頁34-35的圖表列出發酵細菌及其對發酵過程的主要貢獻。此處未列出酵母菌，但當其存在時，亦會提供類似的功能：產生二氧化碳與風味。

你會發現，圖表所列的細菌都有理想的生長溫度範圍。當溫度低於該範圍時，細菌不會死亡，但會停止繁殖和發酵；溫度超過該範圍時，它們將停滯或死亡。這就是為什麼發酵溫度的細微差異，會導致成品極大的落差。

分類學概述

生物的學名皆以拉丁文表示，先是大寫屬（genus）名，加上小寫種（species）名，例如：德氏乳酸桿菌（*Lactobacillus delbrueckii*），此處的 *Lactobacillus* 是屬名，*delbrueckii* 則是種名。菌株的屬名通常會以縮寫表示，作為快速參考，例如：*L. delbrueckii*。本書會提到兩種名稱類似的屬名：乳酸桿菌屬（*Lactobacillus*）和乳酸球菌屬（*Lactococcus*）。為了避免混淆，我將這些屬名縮寫成 *Lb.*（乳酸桿菌屬）和 *Lc.*（乳酸球菌屬）。

種有時會細分為亞種（subspecies，縮寫為 *ssp./subsp.*），例如：重要的發酵細菌之一——德氏保加利亞乳桿菌（*Lactobacillus delbrueckii ssp. bulgaricus*）。亦可有不同的菌株，例如：嗜酸乳桿菌 DSM 20079（*Lb. acidophilus DSM 20079*）。儘管來自相同的屬和種，不同菌株卻能產生風味相異的發酵品。然而，市售的發酵劑通常不會列出使用的菌株。此外，使用相同菌株的不同公司可能會有不同的產品名稱。我知道，我知道……這很複雜。重點在於即便發酵劑標示著相同的細菌名稱，亦可多方嘗試，並從中挑選自己與家人最喜歡的產品。

發酵家還喜歡將微生物根據其理想生長溫度而分成兩類。嗜中溫菌（mesophilic bacteria）偏好舒適的溫度（稍微高於室溫）。我是藉由意指中間的「meso」這個字首（如美洲中部，meso-America）來記住嗜中溫菌。嗜熱菌（thermophilic bacteria）在更高的溫度下表現最好，即便高達 49°C 也無妨。我是藉由使東西保溫的字首「thermos」來記住嗜熱菌。（還有一種偏好冷的分類，稱為嗜冷微生物〔psychrophilic microbe〕，但不在本書的討論範圍內。）

商業菌種公司努力創造不同的綜合微生物，包含可能永遠不會在標籤上看到其名稱的專有菌株。商業優格和克菲爾製造商也會與菌種公司合作，客製其專屬的綜合菌種，以向消費者提供獨特的產品。在優格和克菲爾食譜的章節開頭，有列出我嘗試過的綜合菌種及其來源。

若使用祖傳種發酵劑，就是在使用不斷改變的微生物群。當祖傳菌種傳承下去時，每一代微生物都可能產生細微的變化。只要照顧好健康的祖傳菌種，即便組成會隨時間改變，它依舊能運作良好。

常見乳品發酵細菌

細菌名稱	生長溫度範圍
比菲德氏菌（Bifidobacterium bifidum）、短雙歧桿菌（B. breve）、嬰兒雙叉乳酸桿菌（B. infantis）、龍根菌（B. longum）、比菲德氏菌亞種（B. spp.）	嗜中溫菌：22°C–48°C；理想溫度36°C
嗜酸乳桿菌（Lactobacillus acidophilus）	嗜熱菌：27°C–48°C；理想溫度36°C
乾酪乳桿菌（Lactobacillus casei）	嗜中溫菌：15°C–41°C；理想溫度37°C
德氏保加利亞乳桿菌（Lactobacillus delbrueckii ssp. bulgaricus）	嗜熱菌：23°C–52°C；理想溫度45°C
德氏乳桿菌乳酸亞種（Lactobacillus delbrueckii ssp. lactis）	嗜熱菌：18°C–50°C；理想溫度40°C
瑞士乳桿菌（Lactobacillus helveticus）	嗜熱菌：22°C–54°C；理想溫度42°C
克菲爾乳酸桿菌（Lactobacillus kefiri）	嗜中溫菌：8°C–43°C；理想溫度32°C
乳酸球菌乳脂亞種（Lactococcus lactis ssp. cremoris）	嗜中溫菌：8°C–40°C；理想溫度22°C
乳酸乳球菌（Lactococcus lactis ssp. lactis）	嗜中溫菌：8°C–40°C；理想溫度30°C
乳酸球菌乳亞種丁二酮變種（Lactococcus lactis ssp. lactis biovar. diacetylactis）	嗜中溫菌：8°C–40°C；理想溫度22°C–28°C
植物乳桿菌（Lactobacillus plantarum）	嗜中溫菌：15°C–45°C；理想溫度37°C
腸膜明串珠菌乳脂亞種和腸膜亞種（Leuconostoc mesenteroides ssp. cremoris and ssp. dextranicum）	嗜中溫菌：4°C–36°C；理想溫度22°C–28°C
嗜熱鏈球菌（Streptococcus thermophilus）	嗜熱菌：23°C–50°C；理想溫度45°C

主要功能	主要乳品發酵應用
益生菌、酸性、風味	全部
益生菌、一些酸性	全部
酸性、益生菌	克菲爾與類似菌種
酸性、風味	優格與類似菌種
酸性、風味	裏海優格、克菲爾
酸性、風味	克菲爾、馬乳酒和其他舊世界的發酵品，如裏海優格
酸性	克菲爾
酸性、質地（某些菌株會產生胞外多醣〔exopolysaccharide〕）	白脫牛乳、發酵奶油、酸奶油、克菲爾、芬蘭優格與其他
酸性	白脫牛乳、發酵奶油、酸奶油、克菲爾
酸性、香氣、風味	白脫牛乳、發酵奶油、酸奶油、克菲爾
酸性、二氧化碳、益生菌	克菲爾與類似菌種
風味、香氣	白脫牛乳、酸奶油、克菲爾
酸性、質地（某些菌株在32˚C-37˚C之間會產生胞外多醣）	優格與類似菌種

註釋：胞外多醣是利用剩餘的糖組成的長鏈天然聚合物，它們會增加產品的黏稠性，詳見頁59。

第三章

工具和設備

我們先釐清一個錯誤觀念——自製優格需要有一台優格機（yogurt maker）。「你」就是優格機（如欲購買一台基本或高檔的保溫箱也可以，我會逐一說明有哪些選擇），並且工具和步驟都如此簡單，沒有理由不去嘗試製作優格、克菲爾或書中提到的其他發酵乳。

基本工具

一個鍋子、一根湯匙、一支溫度計和一處溫暖的角落，乳品發酵的工具非常簡單。選擇工具時，只要記住幾項簡單的事情，就能確保成品安全美味。

鍋碗和容器

乳汁可以於各種容器中加熱和發酵，但為了確保成功發酵，需要使用不會與酸產生反應的容器。未發酵的乳汁只有輕微酸性，然而一旦開始發酵，酸度就會持續增加。發酵物的酸會讓鋁、甚至是廉價或腐蝕的不銹鋼容器等金屬滲入發酵物。優質的不銹鋼（無腐蝕或刮痕）、玻璃和陶製容器都是好的選擇。如欲將乳汁加熱至更高溫，例如製作優格的預熱步驟，最好使用不銹鋼或陶製容器，除非能確定玻璃容器有經過回火處理（tempered，如玻璃罐頭，譯注：將玻璃加熱至剛好低於其軟化點後冷卻，使其內外冷卻速度不同而有不同的收縮率，此步驟稱為回火處理。），否則加熱和冷卻時會破裂。有些優格機附帶一個食品級塑膠（foodgrade plastic）製成的容器，但我不會使用塑膠容器，因其容易被刮損，並且有些塑膠容器受熱時會讓有害的化學物質滲入食物。

選擇有蓋的容器，以便培養過程可以蓋上，攪拌時亦有足夠的空間避免四處飛濺。如欲使用溫水浴加熱乳汁，便需要另一個容器，足以裝入溫水並容納裝有乳汁的容器。

用具

湯匙、勺子、濾網、濾盆、量杯和量匙是乳品發酵時最有用的工具。跟容器一樣，要挑選由無反應（nonreactive）原

料製成的用具。不銹鋼、塑膠和木質工具都不錯。若使用木製或塑膠湯匙，要將其專門用於製作發酵乳，因為木頭或塑膠會殘留烹飪的食物味道。否則，你的原味優格可能會有一種新穎的風味，例如「燉牛肉」。

溫度計

如今科技昌明，監測溫度有各種華麗的方式，甚至有溫度計可以將數據傳送到智慧型手機！然而，重點不是要使用花俏的東西——我在進行乳品發酵時，仍然使用平價且基本的指針溫度計（dial thermometer），它有一個不銹鋼探針和盤面，背面有校準用的小螺絲。我也喜歡無線燒烤溫度計（wireless grill thermometer），它絕

對更有科技感。這種溫度計通常由兩個部分組成：一個耐熱探針與連接至數位單元的電線，與可設定的無線單元。你可以將耐熱探針和電線留在鍋中，不必擔心電線在加熱乳汁時會過熱，而無線單元則可以在遠處監控乳汁或發酵液的溫度。

無論使用何種溫度計，**定期校準都很重要**，如此才能準確地測量溫度。最簡單的方法是測量一杯冰水以確認低值範圍，和一杯沸水以確認高值範圍。測量冰水時，讀數應等於或高於冰點（0°C）；測量沸水時，讀數應落在沸點（100°C）。此處不必考慮海拔高度，因為發酵的溫度遠低於沸點，由海拔高度造成的偏差幾乎難以察覺。因此，我只會用冰水來檢查和校正溫度計。

過濾工具

製作希臘優格或水切克菲爾等需要過濾水分的發酵乳時，會用到多一些工具。你可以購買專門為乳品發酵而設計的漂亮瀝水籃，上面帶有刻度，可以將產品瀝乾至偏好的程度。亦可自製瀝水籃，只要在濾網或濾盆內放入一塊布即可，但要選擇密織的起司濾布（cheesecloth，約120紗織數〔thread count〕，譯注：指布料密度）、聚酯纖維蟬翼紗（polyester organdy，一種密織近透明的強韌織物）或棉巾等織物。真正的起司濾布，必須向起司製造商或發酵供應商購買。雜貨店和布店販售的「起司濾布」其實是編織較鬆的織物，可用來過濾高湯，但無法過濾優格，甚至連起司都不行！優質的高紗織數起司濾布可以用很多年，值得買來使用。

起司濾布和瀝水籃必須保持非常乾淨。我會用洗碗精手洗，然後風乾。使用前，準備接近沸騰的熱水，將其倒在濾布上進行消毒。讓濾布冷卻至接近發酵物的溫度，再將發酵物倒入濾布。

許多文獻指出，將克菲爾粒從新鮮製成的發酵物過濾時，應該使用合成材料（例如尼龍）或竹製濾網，避免發酵物與金屬接觸。但根據我的經驗，優質的不銹鋼濾網也沒問題。如同鍋碗和容器，絕對不要使用鋁製品。合成材料製成的濾網通常需要訂購，多數廚房用品店只有賣不銹鋼濾網。

保溫選項

為了使發酵成功，你需要提供舒適的生長溫度給欲培養的微生物。存在於克菲爾粒和許多祖傳種發酵物的微生物，能良好適應室溫，只需將發酵物放在檯面上耐心等候即可。然而，多數的微生物比較挑剔，得將發酵物放入可控溫的容器。下方列出一些保溫選項，價格高低有別，可依個人喜好選擇。

發酵家的訣竅
監測酸鹼值

當細菌將乳汁發酵以產生優格和其他產品時，乳汁會變得更酸。如欲知道乳汁變得多酸，就必須測量酸鹼值。酸鹼值的範圍介於0-14，數值7表示中性；高於7的溶液為鹼性；低於7則為酸性。酸鹼值是對數，簡單來說，每個整數所表示的酸度與其上下數值相差十倍。例如，發酵的優格酸鹼值為5.6，其酸度比酸鹼值為6.6的乳汁高10倍。優格和克菲爾最終的酸鹼值接近4.3，代表其酸度比乳汁高出約100倍（10×10），這是很大的差別！

發酵液的酸鹼值可以用酸鹼試紙或方便的酸鹼度計（pH meter）來檢測。酸鹼度計可以提供更準確的讀數，但在家自製發酵乳不必用到這種工具。然而，若經營發酵事業或單純因好奇而決定購買酸鹼度計，就必須稍微研究。最重要的是，務必詳閱機器附帶的使用與維護說明。無論是小型攜帶式酸鹼度計或更高級的類型（例如我的Oakton pH 6，帶有玻璃尖矛電極），挑選的要點之一便是讀數可以到小數點後兩位（例如6.55，而不是6.5）。這些數字看似差異極小，酸度卻差很多。

使用酸鹼度計檢測酸鹼值時，可以順道嚐嚐發酵物，從中感受酸鹼值細微的變化，藉此訓練自己的味蕾。時間久了，多數人都能夠逐漸掌握訣竅。

使用微量量匙

若使用冷凍乾燥的菌種，準備一套微量量匙或量勺會很方便。這些小器具能精確地測量小份量，不僅可以節省菌種的成本，也能使發酵批次保持一致。

微量量匙會以古老的術語標示，例如「smidge」和「tad」。這些字唸起來很有趣，但若能精準測量培養物，日後便能輕鬆調整食譜比例。下方是相關術語的對應單位量：

Tad = 一丁點，¼ 茶匙　　　Smidge = ¹⁄₃₂ 茶匙

Dash = 一丁點，⅛ 茶匙　　　Drop = ¹⁄₆₀ 茶匙

Pinch = ¹⁄₁₆ 茶匙

冰桶（Ice Chest）

絕緣良好的小型冰桶是最簡單的培養箱，也是我的首選。挑選可以輕鬆容納培養容器的冰桶，並保留一點空間在周圍放入溫水和/或毛巾。我在冰桶側面鑽了一個小孔，並塞入一支溫度計，如此便能在不打開蓋子的情況下監測內部的溫度。（如欲這樣做，溫度計要定期校準，頁38。）我在冰桶底部放入一條毛巾，將培養容器置於毛巾中間，接著於容器頂部和周圍再塞入一條毛巾。若房間太冷，我會多裝1-2壺溫水（水溫比理想培養溫度高1-2度）加入冰桶。像這樣塞在冰桶裡，優格就能發酵得十分均勻。

溫熱烤箱（Warm Oven）

含指示燈的瓦斯烤箱是培育微生物的絕佳工具。測量烤箱的溫度時，可將溫度計放入一杯水並置入烤箱，或使用帶有耐熱電線的燒烤溫度計。若超過所需溫度，將烤箱門稍微打開，或使用一根小器具把門撐開，看看烤箱能否維持對的溫度。若沒有瓦斯烤箱，可以將一支手提電燈放入烤箱，我的父母在1950年代首次學習製作優格時便是這樣做。要選擇帶有夾子和旋入式金屬蓋的燈，而且使用傳統的白熾燈泡以產生熱能（小型的螢光燈和LED燈可能無法提供足夠的熱）。培育溫度若介於43°C-46°C，請使用100瓦燈泡；介於47°C-50°C則使用200瓦燈泡。記得在烤箱門上標示或貼上警告訊息，提醒烤箱正在進行發酵，以免有人不小心將烤箱啟動，放入一堆餅乾烘烤！

舒肥機（Sous Vide）

「*Sous vide*」的意思是「在真空之下」（通常是指將東西放入真空密封袋加熱），如今這個字亦指能同時使水加熱和循環的浸入式器具（immersion appliance）。熱水是用於加熱食物（或發酵容器）的浴池，循環功能則能保持水溫均勻。舒肥物可懸掛在裝滿水的容器側面，且可調整的溫度範圍非常廣。這種器具很適合用於發酵。根據舒肥機的容器和放入內部的發酵容器大小，水溫可能會有些不均，甚至容器內部的某些區域溫度會很低。若選擇這種方式，請務必檢查各部位的水浴溫度，並找出設定不妥的地方。

多功能炊具（Multicooker）

無論是廚房或農場用的工具，我看到好的就會買，許多人最近買的烹飪工具就是多功能炊具。這種電子鍋可以燒烤、翻炒、煨煮和高壓烹煮，許多還提供了製作優格的設定可自製優格。有些炊具帶有不銹鋼內膽（例如流行的 Instant Pot 萬用鍋），其他廠牌則是不沾黏塗層內膽。我比較偏好

不銹鋼的類型。

有些乳品發酵食譜建議將乳汁加熱，使蛋白質變質以改善成品的口感。附有製作優格設定的多功能炊具通常可以選擇是否加熱乳汁，但我覺得效果不怎麼好。最好先用爐火加熱乳汁，待冷卻後再使用多功能炊具進行培養。

你可以直接用多功能炊具製作優格，或是把它當作熱水浴使用：將水注入鍋內，把裝有優格的玻璃罐放入炊具，有或沒有架子都沒關係。我比較喜歡熱水浴的方式，這樣培養完就不需要將優格再倒入罐子。此外，熱水浴可提供更均勻的溫度。

可惜的是，多功能炊具無法精準設定溫度。如欲使用高於43°C的預設溫度進行發酵（如頁74的家庭食譜），多功能炊具便不是好的選擇。

成為行家

越來越多人對於小批次手作乳品和益生菌感興趣，代表以小的商業規模製造優格、克菲爾和類似乳品是可行的。若你已經在生產起司或其他乳製品，發酵乳品便是一種具有附加價值的產品。然而，乳品生產是美國控管最嚴格的領域之一，而經營企業需要大量研究，並且很可能要投注大量資金。

各州法規不盡相同，但多數州都遵循美國食品藥物管理局對於優格生產的準則和法規。根據這些準則，優格必須經過巴氏殺菌且採用機械式填充和加蓋，代表著不能用手將優格舀入容器或蓋上蓋子。這會嚴重阻礙小型優格製造者！然而，有幾個州建立了自己的法規，只要產品僅在州內銷售，手動生產就算是合法的。於杯中培養優格時（未經過濾、攪拌或混合），規則就會更簡單，但多數州仍規定商家在某種程度上需採用機械化。有人討論小型生產者可以鑽漏洞，因為做法與水切優格類似的新鮮軟起司，可以合法地用手填充和加蓋。

克菲爾、冰島優格與其他發酵乳則未受到相同限制，這對於小型生產者而言是好消息。話雖如此，如欲販售這類產品仍需要執照。「yogurt」一詞本身就是強大的行銷工具，因此對於小規模生產者而言，無法販售會是不幸的阻礙。目前至少有一家公司（MicroDairy Designs）在生產小型乳用設備，以滿足這塊市場需求，而某些州亦接受這種方式。

更多關於小規模乳製品和乳製品廠的資訊，詳見「資源」。

電動優格機（Electric Yogurt Makers）

如欲購買優格機，市面上有多種選擇。其價格不同，性能從簡單的加熱裝置，到能夠培養優格並將其冷卻的類型都有。若你正在尋找優格機，需注意每種機型的發酵容量以及盛裝乳汁的容器之材質（塑膠或玻璃）。有些機型只能放入幾個小杯子（每杯 180-240 毫升），有些則能放入較大的發酵容器。如前所述，我不喜歡用塑膠材質培養乳汁，尤其製作優格需要較高的溫度。此外，塑膠容易刮損，難以清潔和保持衛生。若選擇附帶玻璃容器的優格機，請確定是否可以替換成自己的玻璃罐（例如罐頭的罐子），因為附帶的容器有可能某天會破裂。

多數的優格機其溫度設定通常介於 38°C-43°C，並於 6-8 小時內完成發酵。至少有一間公司提供的機型，能將溫度設定得更低，並發酵超過 24 小時。這種方法被稱作「24 小時優格」，目的是為了使細菌有足夠的時間處理幾乎全部的乳糖，以滿足無法好好消化乳糖或單純追求低碳水化合物產品的人。

麵包發酵箱（Bread Proofing Box）

發酵箱是設計用來使麵糰發酵的設備。由一個較低的加熱托盤、可折疊的側面（立起來可變成盒子）和一個蓋子組成。發酵箱的溫度可以調節（慢炊模式可高達 91°C），但根據我的經驗，無法很精準地控制。例如，當我嘗試用 49°C 發酵時，不得不將溫度轉到 85°C，接著上下調整，使溫度保持均勻。發酵箱沒有隔熱效果，因此不意外地室溫對於箱內溫度會有深切的影響。若想使用這種還算好用的設備，乳品發酵時請務必放入溫度計以監測溫度。可以用毛巾蓋住發酵箱幫助保溫，並放在遠離涼風的地方。

食物乾燥機（Food Dehydrator）

若你的食物乾燥機有門和滑出式層架，便可以當作培養箱使用。若你的機型和我的一樣有托盤，便可以用來將優格脫水（頁 89）或製作優格「餅乾」（頁 215），但罐裝優格便無法放入這種機型。食物乾燥機具有可調節的恆溫器，可以將溫度控制在最適合製作優格（及類似發酵乳）的範圍。如同使用發酵箱，你得將溫度計放入優格或測試用水以取得溫度，如此才能確保優格處於對的溫度，而不只是測試機器內的空氣。食物乾燥機附帶一個風扇，培養優格時用不到，但啟動後還是會運轉。

第四章

乳品發酵技術

乳品發酵通常由四個基本步驟組成：加熱、加入菌種、培養與冷卻。其他步驟可能包括添加味道和增稠劑以及過濾。一旦掌握發酵過程，就能根據想要的酸度、濃稠度和口味來自製發酵品。每個家人的需求都能滿足——即便是有乳糖不耐症的人！

製作發酵乳的基本步驟

終於要討論自製發酵乳的基本要點了！本章節列出的步驟十分簡單且容易掌握，涵蓋書中所有發酵乳食譜所需要的基本技術。逐步解析圖片，詳見頁48-49。

1. 清潔設備

發酵工具在使用前後都要清洗一遍。只要用熱水刷洗工具，通常就不必再進行消毒。（若你是發酵乳製造商，則應該經常消毒設備，以遵守食品安全計畫所規範的「最佳做法」。）織品和濾網等過濾器具是例外，它們會吸收雜質，很難清潔乾淨，因此最好要消毒。消毒時請將沸水緩慢倒在設備和工具上，使其表面接觸熱水達30秒鐘，或使用適當稀釋的「免沖洗」氯或其他食品消毒劑（請詳閱標籤指示，並使用適當的試紙檢查消毒劑的活性）。

　　起司濾布特別容易有灰塵和毛髮附著，導致有害細菌增生。使用後立即手洗晾乾。若濕的濾布堆成一團，微生物就會開始生長，濾布也會發臭！只要濾布是乾的，微生物就無法繁衍。

　　清理好發酵使用的器具後，請風乾所有物品，不要用毛巾擦拭，以避免微生物從毛巾散佈至器具。洗碗機很適合用來清洗和乾燥較小的器具。使用前再次檢查設備和工具，若需要請重新清洗或清潔。

使用起司濾布前要消毒

2. 熱處理乳汁（適情況而定）

本書的發酵物都需要讓乳汁處於特定的溫度（稱作培養溫度〔incubation temperature〕），以確保能理想發酵。視食譜而異，乳汁可能要先加熱至高於理想的發酵溫度，接著再進行冷卻。這麼做是為了破壞部分或幾乎全部的細菌，並且使一些乳蛋白變質（改變其結構），以改善成品最後的質地。

無論是生乳或巴氏殺菌的乳汁都帶有一些細菌。生乳可能含有許多微生物，即便許多是無害甚至是有益的，卻也會與優格和克菲爾的菌種相互競爭。若想開發一款超級益生菌產品，最好讓培養的微生物擁有可自由發揮的空白畫布。乳汁加熱的溫度和時間將決定會殺死多少微生物。簡單來說，溫度越高或加熱越久，被破壞的微生物就越多。請注意，用爐火加熱乳汁不會破壞所有的微生物。某些類型的細菌（稱作產孢子菌〔spore former〕）會形成保護殼，能夠承受各種高溫，只有高壓加熱的方式才能將其殺死。這類細菌通常會逐漸讓食物腐敗。這就是為什麼未開封的巴氏殺菌乳汁仍會「變質」的原因。

　　將乳汁加熱使其蛋白質變質，能使最終的發酵物稠化並帶來滑順的口感。如欲製作克菲爾或可飲用的發酵乳，最好不要讓蛋白質變質，因為較稀薄的質地才適合飲用。然而製作優格時，通常希望得到濃稠的產品。乳清蛋白對熱非常敏感，當加熱至一定溫度時，乳清蛋白會黏附於酪蛋白。對於製作起司而言，這樣的情況就很糟（會導致凝乳酶無法順利凝結）；但對於製作優格來說，就太棒了！一旦乳清蛋白附著在酪蛋白上，就會被保留在優格凝乳中，不會隨乳清液流失，這麼一來，便能增加優格的濃稠度與總蛋白質含量。最終產品能稠化的程度取決於乳汁中的乳清蛋白含量（請記住，乳清蛋白佔總蛋白質的20%-30%）以及加熱的溫度和時間。我會先將乳汁加熱至82˚C，接著保持在這個溫度，時間長短不一，從10分鐘開始測試；或是將乳汁加熱至更高溫，請自由嘗試各種溫度和加熱時間。

熱處理乳汁

處理方式	參數	目的
熱殺菌（Thermization）	63˚C–65˚C，15秒	減少細菌數量
長時間低溫	63˚C，30分鐘	巴氏殺菌
短時間高溫	72˚C，15秒	巴氏殺菌
加熱至沸騰	82˚C–104˚C，10–30分鐘	使乳清蛋白變質和減少微生物數量
超高溫	135˚C，1-2秒	巴氏殺菌，乳清蛋白變質

3. 使乳汁處於培養溫度

乳汁必須處於適當的培養溫度，而此溫度會隨食譜改變。若乳汁是直接由冰箱取出，就必須要加熱至適當的溫度。你可以使用以下幾種方法：將乳汁倒入鍋子或雙層鍋（double boiler）直接用爐火緩慢加熱；將裝有乳汁的容器放入一碗溫水並攪拌；或是將冰涼的乳汁倒入培養容器，放入溫水浴加熱。

另一方面，若方才將乳汁加熱至超過理想的培養溫度，以殺死細菌並讓蛋白質變質，那麼在加入菌種前必須先讓乳汁冷卻。你可以將裝有熱乳汁的罐子放入注滿冷水的水槽中，攪拌乳汁使其快速降溫，如此亦能避免表面結一層膜。若需要可於水槽中加入更多冷水。

4. 加入菌種

早期乳製品生產者使用的工具和器皿有許多小孔，奇妙的發酵微生物便會藏匿其中。然而，今日我們通常必須將這些微生物添加至乳汁，使其能夠適當發酵，成為美味的發酵物。

購買冷凍乾燥的菌粉會附帶使用說明，通常會指出各種用量。先從最少的建議用量開始，看看發酵的成果如何。若適當時間內無法達到想要的濃稠度與風味，下次發酵就添加更多菌粉；若效果不錯，可以嘗試於下一批減少用量。學會精準拿捏以少量菌粉進行發酵，便可減少用量，長期下來可以節省開銷。通常要將粉末撒在乳汁表面，靜置1分鐘或更久，然後攪拌。如此能讓細的粉狀顆粒吸收一些水分，以便攪拌均勻，不會結塊。

若發酵劑由少量的新鮮優格或克菲爾、祖傳種或克菲爾粒組成，用量則取決於供給批次（donor batch）的新鮮程度——供給批次使用越久，用量可能就要越多。多加一點不會有問題，但發酵速度可能會比預期更快。若不介意一些突發狀況，就不用擔心！通常每公升乳汁約添加兩大匙的菌種，就能獲得不錯的成品。

使用新鮮優格或克菲爾當作菌種時，將需要的量裝入小碗，加入少許溫乳汁攪拌至滑順，再將稀釋的優格或克菲爾倒入其餘的乳汁。若不這樣

做，便無法均勻拌入優格或克菲爾，反而會導致容器底部產生黏稠的凝膠。

若使用祖傳菌種，通常只要在培養容器中將種子和乳汁直接混合即可。唯一的例外是芬蘭優格，其種子要分散在容器底部和側面，詳見頁111。

若使用克菲爾粒，只要將其置於容器底部並加入乳汁，順序亦可調換。

無論使用何種發酵劑，乳汁都必須保持在不會破壞發酵微生物的溫度！若溫度稍微高於培養溫度也沒關係，因為加入菌種時，乳汁會繼續冷卻。

5. 保溫

加入菌種以後，就該讓乳汁靜置，使微生物得以發揮作用。這個步驟稱作保溫、熟成或培養階段。於此期間，即便是輕微的溫度變化也會影響發酵成品的口感、酸度、益生菌含量和風味。不妨多嘗試用各種培養溫度進行發酵，看效果如何。當然，唯有能夠察覺溫度的差異，才能嘗試成功，因此要規劃好如何準確地監測和調整溫度。你也可以隨性操作，並接受成品會有些落差！

多數的發酵乳品在培養階段應該避免攪拌，除非是發酵初期，或是不確定菌種是否混合均勻和溫度是否平均。如欲製作類似優格的濃稠產品，在培養階段的膠凝化步驟去攪拌或攪動乳汁，都可能使凝乳無法成形。如欲製作可飲用的產品，攪拌或搖動乳汁就沒關係。事實上，在培養過程中輕輕攪動或搖晃克菲爾和可飲用的發酵乳1-2次，可以幫助成品質地更均勻。

6. 冷卻

一旦乳汁完成培養階段，請務必立刻冷卻，使其停止發酵。倘若繼續發酵，成品將變得更酸並且開始分離，因為凝乳會持續排出乳清。最快的冷卻方式是將發酵容器放入冷水浴浸泡，接著放入冷凍庫1-2小時，然後移至冷藏。這些時間只是估算值，容器越小，發酵物就冷卻得越快。

處理優格等高溫發酵物時，做法可以有些變通。你可以將發酵物降至更適中的溫度，使冷卻過程提早開始，它會持續產生一些酸，但速度較慢。例如，若某個產品需要發酵4小時，接著迅速冷卻，你就可以讓它發酵3小時，然後放入冰箱冷卻，或是放在檯面上短暫冷卻，只要這樣能符合你的排程。再次聲明，如同培養階段，只要不介意成品的落差，便可用更隨性的方式冷卻。希望各位能逐漸體會整個發酵過程其實充滿了彈性！

圖解
乳品發酵製作流程

1 清洗工具和設備。將所有發酵工具擦洗乾淨，以熱水沖洗後風乾。

2 加熱乳汁（若必要）。將乳汁倒入平底鍋，置於爐台上或雙層鍋內以中火加熱，至溫度達到食譜所示。

3 讓乳汁調整至培養溫度（若必要）。若乳汁有經加熱，於水槽內注入冷水，將整鍋乳汁放入水槽降溫至食譜所示的培養溫度。如欲使乳汁的溫度升高，將裝有乳汁的容器放入一碗溫水攪拌。

5 培養。若欲製作溫熱的發酵物,將乳汁放入保溫箱(見頁38的選項);假使製作常溫發酵物,將乳汁置於檯面上即可。

4 加入菌種。你可以使用新鮮發酵劑或菌粉。若使用新鮮優格作為發酵劑,將其倒入小碗,加入少許溫乳汁攪拌均勻,接著倒入溫乳汁;若使用菌粉,將其撒在溫乳汁表面,靜置1分鐘後攪拌。

6 冷卻。將水槽注滿冷水或是裝一碗冰水,將培養的容器放入水中至發酵物冷卻。將發酵物放入冷凍1-2小時,然後再放入冷藏保存。

添加味道

原味優格和克菲爾很棒，但就是稍嫌平淡。有時候就想讓食物來點變化，加點香料、甜味，甚至是鹹味。改變風味是讓產品更多元的好方式，如此便能輕易地將健康的食品推薦給家人，儘管他們或許還不喜歡發酵乳。沒有硬性規定指出該如何添加口味，我會分享我最喜歡的做法。若你有其他點子，請盡量嘗試！

達能優格於 1947 年在美國推出甜味優格，自此便廣受消費者喜愛。最近市面上出現鹹味優格（然後又下架了），例如法吉公司（Fage）曾推出「混搭優格」，並以「主廚級零食」的口號推銷，口味有番茄羅勒配烤杏仁以及胡蘿蔔生薑配開心果，而紐約著名的餐廳巨擘藍山農場（Blue Hill Farm）也曾推出胡蘿蔔、甜菜和番茄口味的優格。在許多文化中，甜味和鹹味的發酵乳都有悠久的歷史，印度甚至有添加大麻的版本（頁190）！我覺得這類較不甜的商品會持續問世，並且越來越受歡迎。

甜味

你可以在乳汁的培養階段前後，隨時添加蜂蜜、楓糖漿、龍舌蘭蜜（agave）或糖漿等液態甜味劑。砂糖則需要在乳汁或發酵物溫熱的時候拌入才能溶解。甜味劑的用量取決於個人，但要注意在培養階段前添加甜味劑，就會提供細菌

額外的能量。若細菌持續發酵，便會提升乳汁的酸度，使最終成品的甜度降低。將添加糖分的發酵乳成品保持在低溫，以避免此情況。

如欲使發酵乳更甜，又不想加糖，可用無乳糖（lactose-free）的乳汁發酵，這是一種添加了乳糖酶的乳汁，可將內部所有的乳糖分解。（平常使用的乳品在發酵結束時會殘留一些乳糖。）一旦乳糖分子被分解成兩種單醣——葡萄糖和半乳糖，便能立即嚐到甜味，因為味蕾會覺得單醣類比複合醣類甜。無乳糖發酵品很容易製作，任何食譜皆可使用市售的無乳糖乳汁，亦可在加入菌種時同時添加乳糖酶以自製無乳糖乳汁（見頁51的方框文字）。

液體萃取物和調味劑

液體萃取物（liquid extract，天然產品）和調味劑（flavoring，通常非天然），能簡單地讓發酵乳產生獨特風味。這些風味包含人氣的香草、杏仁、檸檬、椰子、楓糖和麥根沙士（root beer），甚至還有南瓜派香料風味。準備各種添味品，讓家人自行調配喜歡的優格或克菲爾口味，這樣做不僅有趣，還能鼓勵家人攝取發酵乳。通常添加少量萃取物，會讓人感覺到甜味，因此不用加糖。

多數的情況，會在尚未加入菌種與進入培養階段之前，添加液態萃取物

和調味劑。如欲製作攪拌型優格或可飲用的發酵乳，可以在培養階段後再添加萃取物和調味劑。每公升（4杯）乳汁使用½-1茶匙的萃取物或調味劑。

香草、香料和柑橘皮

發酵乳的調味方式多不勝數，可在乳汁的培養階段前後添加多數的香草和香料。若在培養前添加，風味將更濃郁；若在培養後添加，就有許多彈性——可將一批成品均分，以不同方式增添風味，讓每個家人都能享受自己喜愛的口味。要留意鼠尾草（sage）等已知具有抗菌作用的香草和香料，它們可能會阻礙發酵，因此要在培養後才能拌入發酵品。

使用乾燥香草和香料時，若能在加熱或培養階段前添加，就能獲得最棒的風味。若使用新鮮香草，最好在培養階段和冷藏後添加，以保持新鮮摘採的風味。以下是我最喜歡的香草和香料：

柑橘皮（CITRUS ZEST）。加入研磨的柑橘皮，風味會讓人驚艷，口感也會稍微提升。請於發酵前或後立即添加。若發酵後添加，靜置一段時間（通常冷藏隔夜就好），味道會更棒。每公升乳汁或發酵乳約添加 1 大匙研磨檸檬、萊姆、柳橙或其他柑橘類果皮。我使用柑橘皮時，通常不會添加甜味劑，因為果皮會增加水果味，嚐起來有甜味。當然可以加甜味劑，成品就會像甜點一樣。

薑黃（TURMERIC）。薑黃具有抗發炎與其他保健功效，能讓發酵乳帶有美麗的奶油色和細緻風味。每公升乳汁約添加2茶匙薑黃粉。依照食譜指示培養乳汁，可以做成鹹味或甜味。不妨試試看加入一點蜂蜜、黑胡椒（胡椒中的胡椒鹼〔piperine〕可增強薑黃的保健功效）、印度香料茶（chai spice infusion），或單獨使用薑黃。我會先將薑黃、黑胡椒（約1茶匙薑黃配¼茶匙黑胡椒）和一點肉桂粉混合，然後將1茶匙香料混合物加入一杯新鮮克菲爾。美味又健康！

肉桂、肉豆蔻或多香果（ALL SPICE）。這些香料會讓優格和其他發酵乳帶有溫暖舒適的香氣和風味。於培養階段前後，以每公升乳汁約添加¼茶匙香料粉的比例使用。

咖哩粉。咖哩粉是一種綜合香料，成分因品牌而異，但通常包含薑黃、薑、孜然、香菜和胡椒。很適合與完成的優格甚至是克菲爾混合，但用量要謹慎，由每公升乳汁加¼茶匙開始。若添加至水切發酵乳，用量可以稍微增加。

浸泡液

浸泡液（infusion）其實就是一種茶。在發酵乳領域，我們會用香草和香料製成「奶茶」，替產品增添風味。最有效的做法是將調味料浸泡於部分乳汁，接著將浸泡液加入其餘乳汁。在進入培養階段前添加浸泡液，加入的時間點大約跟培養物相同。可以將浸泡液過濾，只添加帶有風味的乳汁。然而，若浸泡的香草和香料很小，口感也不錯（例如軟化的迷迭香或薰衣草），不妨一併加入乳汁。以下是我非常喜歡的浸泡液，比例是假定將浸泡液加入約1公升（4杯）的發酵乳。

咖啡或茶。將1杯乳汁加熱至微滾，關火，加入1-2大匙磨碎的咖啡或茶葉（任何喜歡的茶葉都行）。攪拌，蓋上蓋子，讓咖啡或茶葉浸泡10分鐘。用細濾網或起司濾布過濾。咖啡和茶的浸泡液非常適合搭配巧克力

和杏仁香甜酒（amaretto）調味的發酵乳。若你愛喝茶，可以跟我老公一樣，將少量克菲爾倒入浸泡液享用！

小豆蔻莢、肉桂棒、肉豆蔻或多香果。混合或單獨使用這些香料以替優格增添風味。將1杯乳汁加熱至微滾，關火，加入2茶匙約略磨碎的整顆香料（請使用研缽、研杵或雞尾酒攪拌棒將香料壓碎，或是將香料放入夾鏈袋，用擀麵棍壓碎）。攪拌，蓋上蓋子，讓香料浸泡10分鐘。用細濾網或起司濾布過濾。

印度香料混合物（CHAI SPICE BLEND）。將1杯乳汁加熱至微滾，關火，加入半根肉桂棒、4個丁香（clove）和2個壓碎的小豆蔻莢（可根據喜好調整用量）。攪拌，蓋上蓋子，讓香料浸泡10分鐘。過濾乳汁，將其加入剩餘的發酵乳汁。亦可將紅茶葉加入香料混合物。

香茅（LEMONGRASS）。許多泰國料理都會使用香茅，這種香草妙不可言，可雙雙用於甜味和鹹味的料理。多數亞洲雜貨店、甚至高檔的天然食品專賣店都會販售新鮮或冷凍的香茅段或整根香茅。你也可以買到乾燥香茅，但與許多香草一樣，乾燥香茅味道比較淡。將香茅浸泡於乳汁時，先將其切片或切成4段，每段長2.5-5公分。將1-2杯乳汁煮沸，加入切片或切斷的香茅。關火，蓋上蓋子，讓浸泡液靜置1小時。過濾乳汁，將其加入剩餘的發酵乳汁。

香草浸漬蜂蜜

用香草浸漬蜂蜜很容易，浸漬後的蜂蜜是各種發酵乳的絕佳甜味劑。我最喜歡將薰衣草和迷迭香用於浸漬蜂蜜，這兩種香草沾上甜味會散發迷人的香氣和風味。

比例很彈性，但我建議每4大匙蜂蜜搭配1-2茶匙乾燥或新鮮香草。將蜂蜜和香草倒入小鍋子（最好使用雙層鍋），加熱約10分鐘。若不想保留香草請先過濾。培養乳汁前，每公升乳汁添加約⅛杯溫熱蜂蜜，或在完成後根據喜好加入發酵物。

水果和蔬菜泥

水果和蔬菜泥可提升優格的纖維、風味、營養成分以及色澤。與多數調味品一樣，能製成蔬果泥的食材種類繁多，但可能會因自家附近雜貨店的生產部門而受到限制。蔬果泥應呈現光滑狀，質地接近嬰兒食品，且幾乎不能帶有團塊，如此才能避免和優格分離。

以下是我最喜歡的水果和蔬菜泥，可用來調味 1-2 公升的優格或克菲爾。將所有食材放入果汁機 / 食物調理機，攪打至光滑。於加入菌種前或培養階段和/或瀝乾乳汁之後，將其與乳汁混合。若添加蔬果泥使優格變得太濃稠，加點乳汁稀釋即可。

芒果、香蕉和萊姆

這份食譜承蒙新英格蘭起司製造供應公司（New England Cheesemaking Supply Company）授權刊登。

½–1 顆芒果

½–1 根成熟香蕉

　2 茶匙蜂蜜

　1 顆萊姆汁或1茶匙磨碎萊姆皮（成品會較濃稠）

胡蘿蔔、生薑、肉桂和柳橙

1 杯煮熟切塊胡蘿蔔或印度南瓜（winter squash）

1 大匙磨碎柳橙皮

2 茶匙蜂蜜

½ 茶匙肉桂粉

¼ 茶匙薑粉

綜合莓果和烤甜菜

½ 杯烘烤切塊甜菜（普通或基奧賈甜菜〔Chioggia〕）

½ 杯新鮮或冷凍綜合莓果（藍莓、覆盆子、黑莓和草莓等）

1 大匙磨碎柳橙皮

2 茶匙蜂蜜

印度香料水果優格（Indian Shrikhand）

這是一款經典的印度調味混合物，通常搭配茶卡凝乳（chakka）食用。

　1 杯搗碎香蕉或芭樂（或兩者混合）

2-4 大匙蜂蜜或其他甜味劑

　¼ 茶匙小豆蔻粉

少許鹽

少量番紅花蕊（saffron stamen）

切塊的水果、果醬和柑橘果醬

在乳汁發酵的培養階段前後，可以將切塊的新鮮水果、果醬和柑橘果醬（marmalade）拌入發酵乳。若在早期加入，水果塊通常會沉到底部，變成美麗的水果底或聖代（sundae）發酵乳，吃起來也很有趣。每公升乳汁使用½-1 杯無糖水果或約¼杯蜜餞，或依口味調整。

聖代風格的優格，
底部有新鮮草莓和
藍莓

增稠

綿羊奶、水牛乳和其他高脂肪高蛋白乳汁，通常不用額外處理便會變成濃稠的優格，但多數山羊奶和牛乳製成的優格不會自行變稠。若想追求份量感、口感，和用湯匙舀取時的扎實感，可以過濾優格或添加增稠劑。

過濾水分（亦即製作希臘優格）

過濾水分（Draining）是一種古老的技術，可製作更濃稠滑順的優格，其中的乳糖較少且保鮮期更長。過濾水分可以除去多數殘留的乳糖，有助於避免進一步發酵，使優格冷藏時不會變酸。難以消化乳糖的人也會更容易消化去除乳糖的優格。儘管許多文化將發酵乳過濾已有數百年歷史，但水分被過濾的優格（水切優格）如今通常被稱作希臘優格。

過濾優格時需要選擇過濾工具，例如第38頁提到的起司濾布、濾盆或瀝水籃。優格培養完畢後，可以立即過濾，或是待冷卻後再過濾。只要將優格放入瀝水籃或鋪有濾布的濾盆，然後蓋上蓋子，避免寵物或灰塵干擾。過程中應保持涼爽的室溫（18°C-22°C），約每30分鐘攪拌一次即可。過濾的時間，取決於偏好的濃稠度。（見頁58表格）。過濾完畢後，充分攪拌優格，並倒入容器，蓋緊蓋子放入冷藏。

該怎麼處理乳清？

過濾優格或克菲爾後，留下的液體即為乳清。事實上，每過濾約4公升的發酵乳汁，便會得到3公升的乳清。量實在太大了！希臘優格製造商為了處理這種液體而傷腦筋。市政府廢棄物管理局將乳清視為污染物（因為乳清分解時會從廢水中吸取大量氧氣），因此優格公司不能隨意將其排入下水道。幸好自製優格不必處理大量乳清，而且還能用於製造其他產品。

不妨將優格乳清視為一種味道濃郁的可飲用液體。它含有一些乳糖、少量礦物質和一點蛋白質（取決於熱處理的步驟），以及來自菌種的微生物。乳清可用於調味和補充各式菜餚，例如湯品、麵包，甚至是飲料，還可以餵養雞和豬等牲畜。第十一章會列出含薑草莓果乳清飲（頁197）和不含酒精的莓果生薑乳清飲（頁187）。若不想將乳清當作食物或飼料，可以將其倒入堆肥或任何喜歡酸的植物根部周圍（例如莓果樹和針葉樹）。

發酵訣竅

不要害怕發酵物

近期的演講中，有一位聽眾問我如何得知會腐爛的食品（例如奶類）在室溫下長期放置是安全的。簡短的回答是：為了確保產品無害，必須快速產生足夠的酸，以避免有害的微生物繁殖。以生乳為例，這就表示會讓乳品變質和致病的微生物。若是巴氏殺菌乳汁，會繁殖的便只有未被殺死的腐敗微生物（spoilage microbe）。如前所述，即便以正確的方式清潔和準備設備與工具，空氣中仍有許多腐敗微生物會滲入乳汁。

可安心飲用的發酵乳關鍵：

• 選擇優質的新鮮乳汁。
• 使用保養良好的設備並清洗乾淨。
• 用適當保存的冷凍乾燥粉末、新鮮的發酵液或健康的克菲爾粒當作發酵菌種。
• 保持適當的培養溫度。
• 根據發酵乳的濃稠度、酸度和良好的香氣與風味來判斷是否發酵完全。

以下列出可能導致發酵失敗的原因：

• 工具和容器殘留消毒劑。
• 培養溫度過高或過低。
• 菌種不良（冷凍乾燥菌種已經過期或喪失活性、新鮮菌種太老，或是克菲爾粒的細菌已死）。
• 乳汁被消毒劑或抗生素污染。
• 乳汁含有大量污染細菌，競爭時勝過添加的發酵菌種。

注意：若感覺發酵乳不正常（例如，原本應該在8小時內變稠，但12小時後仍然很稀薄），就該把它丟棄，拿去餵雞或當作堆肥。

優格或克菲爾要過濾多久，沒有嚴格的硬性規定，取決於優格開始時的質地以及最終希望獲得的濃稠度。乳汁若先經過高溫處理讓乳清蛋白變質，過濾後會比未加熱過的乳汁更濃稠。

添加增稠劑

我們一聽到食物中的「添加劑」（additive）就會心生懷疑。推銷健康食品的人善用這種不信任感，導致添加劑幾乎成了令人厭惡的東西。事實上，食譜就是藉由添加材料而構成的，某種角度來看，許多材料也是添加劑。增稠劑通常被歸類為添加劑，但以下列出的增稠劑不會損害健康，除非是對某些物質或其來源過敏（例如，若果膠〔pectin〕來自檸檬，而你又對柑橘類過敏）。詳見頁61的圖表，認識如何使用以下的增稠劑。

奶粉

添加奶粉使優格變稠是經過實證且有效的方式，許多廠商都這樣做。（若廠商使用低脂牛乳，將其脫水後當作食譜的一部分，便會看到「脫脂或低脂牛乳」被列為成分。）使用奶粉還另

有好處，能增加產品的蛋白質和鈣含量，同時降低脂肪含量。在我嘗試過的方式裡，添加奶粉會讓優格變得最香濃，但也會使風味改變最多。如欲使用奶粉，請選擇優質品牌以獲得最佳風味。

吉利丁

天然的吉利丁由動物膠質（animal collagen，軟骨和肌腱等結締組織的術語）製成。市售的吉利丁通常是豬肉和牛肉加工後的副產品。若用量夠大，可以提供蛋白質和某些營養成分；然而，若只用在增稠，其營養價值可忽略不計。吉利丁不可用於維根、素食或猶太飲食（素馨吉利丁〔pareve gelatin〕除外，譯注：素馨是猶太人烹飪的專有名詞，指不含肉類和乳製品）的乳製品。

吉利丁需要加熱才能發揮膠凝特性。如欲在室溫發酵，則需要將加有吉利丁的乳汁加熱，待冷卻至室溫後才能進行培養。吉利丁在冷卻前不會變成膠質，所以從優格機拿出發酵乳時若發現還是液狀，不要太驚訝。吉利丁不會影響風味，但產生的質地會有點不均勻。

過濾優格

過濾時間（於約21°C的室溫）	減少的體積	質地	普通說法
1–2小時	25%	略微濃稠	輕度過濾
3–4小時	50%	中度濃稠	中度過濾，希臘優格，濃縮優格（labneh）
12–18小時	75%	非常濃稠	完全過濾，或優格/克菲爾起司

發酵訣竅
以天然方式混合材料

多數人自製優格和其他發酵乳時，不會想太多關於發酵物增稠時發生的變化，最終產品令人滿意即可。我們知道高脂肪和高蛋白的乳汁所產生的優格較濃稠，但通常未曾考慮乳汁內的某些細菌也能分泌天然的穩定劑（stabilizer）。

當我嘗試用芬蘭祖傳種於室溫發酵芬蘭優格時（見頁111食譜），成品的一致性讓我感到震驚。芬蘭優格基本上是半固體狀，乳清不會分離，也無法過濾。為什麼？原因在於芬蘭優格含有能產生胞外多醣的微生物。胞外多醣（EPS，譯注：微生物在生長過程中分泌至細胞外的水溶性多醣體）是利用剩餘糖分組成的天然聚合物長鏈，有兩種型態：一種長且粗，另一種則被包覆。兩者都能與水結合以增加黏性，進而防止水溶性乳清從凝乳中流出。長鏈越長、產生的胞外多醣越多，溶液的黏度就越高。若你曾用過黃原膠／三仙膠（xanthan gum，經常用於無麩質烘焙和沙拉醬的穩定劑），就算用過了胞外多醣。手指若沾到很黏的黃原膠，要洗很久才能洗掉。

在適當的條件下，許多種類的乳酸菌都能分泌胞外多醣，然而某些菌株產生的量會比較多。乳酸球菌乳脂亞種以能夠分泌胞外多醣而聞名。取決於使用的菌株種類（從芬蘭優格可分離出五種），產品會有不同的黏度。我喜歡用GetCulture公司推出的ABY-2C菌種來製作優格，因為成品會稍有黏性。這家公司的901白脫牛乳和酸奶油（sour cream）菌種也有相同的效果。我曾用生乳在室溫下發酵優格，結果優格意外地凝結過頭，形成黏稠的圓球狀。

你可以嘗試能產生不同胞外多醣數量的菌株，將發酵乳導向想要的模樣。若購買的培養物寫著「實體濃稠」（thick body）或「適合瑞士型攪拌凝乳」（suitable for stirred curd〔Swiss style〕），裡頭便可能含有會分泌胞外多醣的微生物。胞外多醣除了是天然的穩定劑，亦帶有益生菌和益菌生的健康益處，所以若優格變黏稠了，不必擔心！

常見的吉利丁品牌包括 Knox（豬肉製作）、Great Lakes（牛肉製作）、Zint（草飼牛肉製作）和 NuNaturals（草飼牛肉製作），甚至還有用魚製成的吉利丁，提供猶太飲食和魚類素食者食用。我建議選擇草飼動物製作的吉利丁，不僅能確保產品更健康，被飼養的動物也能過上更自然的生活。希望有一天能見到經認證的人道吉利丁！

植物膠

植物膠又稱果膠（fruit pectin），這種可溶性纖維通常來自蘋果和柑橘，最常被用來使果醬和果凍凝固，雜貨店很容易取得。除非過量使用，否則果膠產生的質地比吉利丁光滑。果膠以顆粒或液態形式販售，未含有添加物的產品，我只知道「Pomona's pectin」這個品牌。

多數的果膠在標示和銷售時，皆以果凍和果醬製造者為考量，因此市面上有兩種類型的果膠：分別為低糖和高糖食譜而設計。在低糖蜜餞的食譜中，果膠需要鈣的幫助（不僅依靠糖）來發揮膠凝作用。針對低糖食譜而設計的果膠若非添加了鈣，就是會附帶一包鈣粉，將其混合後會形成「鈣水」（calcium water），接著再加入食譜中。使發酵乳凝固不需要額外的鈣，因此可以購買高糖果膠。如欲用果膠讓植物性發酵乳凝結，便需要

添加一些鈣，此時就得買低糖果膠。

果膠能增稠但不會改變風味，只是質地會稍微不均勻。常見的品牌有 Sure-Jell/Certo、Ball 和 Pomona's pectin（我的首選）。

洋菜

洋菜（又稱agar-agar）有時以維根吉利丁的名號被銷售，源自於一種海藻，以天然凝膠特性而聞名。洋菜有一定的營養價值，但如同其他增稠劑，用量通常不多，因此不會提供發酵物太多營養。洋菜的效果比果膠更堅硬（讓人想起 Jell-O 的果凍粉），所以與製作發酵乳相比，我比較建議將其用於製作優格和克菲爾的甜點。洋菜和天然吉利丁一樣要加熱活化，其必須加熱至沸騰5分鐘，或加熱至88°C約10分鐘。若不想加熱乳汁，可以先將洋菜放入水中加熱，再加入發酵品。洋菜能增稠但不會影響風味，只是質地會稍微不均勻。

洋菜的品牌不多，但即使是小型的天然食品店通常也能買到，亦可上網訂購。

關華豆膠

關華豆膠是由非洲和亞洲的瓜爾豆（guar）種子所製成。商業品牌的優格都用它來當作增稠劑，口感滑順，質地濃稠。如欲製作可飲用的乳品，

就少量使用；若想用湯匙食用，就添加更多。關華豆膠是少數不必加熱便能活化的增稠劑，因此可以在加入菌種時添加，甚至發酵完以後再加亦可。關華豆膠很適合用於攪拌型（瑞士風格）優格。

　　跟洋菜粉一樣，關華豆膠的品牌不多，但通常可以在天然食品店和網路取得。

木薯澱粉

木薯澱粉是由南美洲和中美洲原生的木薯植物（cassava，又名絲蘭〔yucca〕和樹薯〔manioc〕）其乾燥根所製成。木薯澱粉是很棒的增稠劑，許多植物性發酵品都會將它與果膠混合使用。有時候木薯澱粉會被標示成木薯粉（tapioca flour），但嚴格來說，木薯粉是另一種產品，不會產生相同的結果。我知道聽起來很困惑！木薯澱粉非常細緻，純白色，觸感滑順。我真的很喜歡木薯澱粉為成品帶來的光滑柔順質地，而且沒有味道。它需要加熱才能活化，但達到60°C即可。

如何使用增稠劑

增稠劑類型	用量	如何添加
洋菜	每公升乳汁加½茶匙	拌入冷的乳汁，加熱至88°C約10分鐘，接著冷卻至培養溫度；或是將其溶於¼杯冷水，煨煮5分鐘（體積會減半），在加入菌種前將其倒入溫的乳汁。
吉利丁	每公升乳汁加1-3茶匙	拌入冷的乳汁，至少加熱至49°C，接著冷卻至培養溫度。
關華豆膠	每公升乳汁加1茶匙或更少	拌入冷的乳汁，然後再加熱；或是拌入優格成品。
奶粉	每公升乳汁加½-1杯	拌入冷的乳汁，然後再加熱。
植物膠/果膠	每公升乳汁加1-2茶匙（先少量嘗試）；製作植物性發酵乳時，添加等量的鈣水	拌入冷的乳汁。（若使用粉末，先將其溶於幾大匙冷水，再與冷的乳汁混合。）加熱至60°C，不斷攪拌，接著冷卻至培養溫度。
凝乳酶	將1滴雙倍濃度/2滴單倍濃度的凝乳酶用4大匙未氯化的冷水稀釋；每公升乳汁加1½茶匙上述溶液	於培養階段前，將其拌入已添加菌種的乳汁。視偏好的濃稠度來調整日後的用量。
木薯澱粉	每公升乳汁加2大匙	拌入冷的乳汁，加熱至60°C，接著冷卻至培養溫度。若需要將乳汁加熱至更高的溫度，先將木薯澱粉和幾大匙冷的乳汁混合，並在乳汁冷卻至培養溫度的期間，於63°C時加入此混合物。

貝爾維德農場（Bellwether Farms）

加州，索諾馬縣（SONOMA COUNTY）

若你從未使用過綿羊奶，便很難想像用其製成的各種發酵乳製品（從起司到優格）有多美妙。事實上，有兩種世界著名的起司都是綿羊奶起司——法國的洛克福藍紋乳酪（Roquefort）與西班牙的羅馬諾乾酪（Romano）。加州的貝爾維德農場是率先使用綿羊奶製作優格的廠商之一，其位置在舊金山北部的索諾瑪縣，坐落於起伏的綠色沿海丘陵中。

貝爾維德農場其名稱來自於「領頭羊」（Bellwether，通常指去勢公羊，戴著鈴鐺以便放牧時引領羊群吃草），自1990年起便製作綿羊奶起司直到今日。辛迪·卡拉漢（Cindy Callahan）創立了這座農場，目前由其兒子利亞姆（Liam）接手管理。辛迪和丈夫最初購買綿羊，是為了以有機方式管理雜草叢生的三十四英畝土地。辛迪偶然結識的一位朋友讓她萌生收集羊奶的想法。不久後，農場便開始投入生產乳製品的行列。貝爾維德生產的起司廣受歡迎，但他們並未打算跨入優格領域，因為當時流行低脂優格——若硬要說棉羊的缺點，就是無法分泌低脂乳汁。

到了二十一世紀初期，全食物（whole-food）產品越來越有吸引力，顧客向卡拉漢家族提出綿羊奶優格的需求。2005年，貝爾維德農場成為美國第二家銷售綿羊奶優格的公司（第一家是紐約的老查塔姆牧羊公司〔Old Chatham Sheepherding Company〕）。如今，貝爾維德農場生產的乳汁（他們還生產牛乳產品），約有75%用於製作優格。其所有的綿羊奶都出自於東弗里斯蘭綿羊（East Friesian sheep）和拉卡恩綿羊（Lacaune sheep）。2018年，該公司增加了一款牛乳優格。利亞姆表示：「我們一直打算推出牛乳優格，但某種原因導致產品直到那年才得以上市。」幸運的是，他們已經累積十多年製作綿羊奶優格的經驗，因此換成牛乳毫不費力。

貝爾維德提供多種口味，包括美味溫暖的香料蘋果風味。我問利亞姆，他最喜歡的口味是什麼。他回答道：「很難說，因為所有的口味我都喜歡。然而，我幾乎總是選擇原味，因為我喜歡在裡頭加很多東西，從原味著手比較容易。」他媽媽最喜歡的是

草莓綿羊奶優格。他深切地說：「她吃了不少那種口味。」利亞姆指出，他的孩子還不太喜歡優格和綿羊，但即便再挑食的小孩，時間久了也會愛上綿羊奶優格。

貝爾維德生產綿羊奶優格多年，早已經歷世事。儘管綿羊奶製品目前在美國仍不常見，但還是有其他幾家綿羊奶優格的製造商，許多是小型事業，僅在自家附近販售產品。人們早期對綿羊奶風味和特性的誤解也逐漸被扭轉。利亞姆表示，剛開始不斷聽到民眾表示害怕優格中的「山羊騷味」。（沒錯，有些人認為山羊和綿羊是一樣的。）如今，多數人都知道並喜歡綿羊奶的獨特性質，因為其中含有天然豐富的營養、容易消化又美味。如欲品嚐貝爾維德農場的優格，那你走運了，全美各地許多商店都有販售其產品。更多關於貝爾維德農場的產品及銷售據點，可以瀏覽其網站（見「資源」）。

凝乳酶（Rennet）

冰島優格是由凝乳酶製成，而凝乳酶是製作起司時使用的凝聚劑（coagulant）。製作冰島優格時，凝乳酶將乳蛋白組合成類似卡士達醬（custard）的凝膠。這是使優格稠化很有效的方法。然而，我對於凝乳酶不常被使用感到很驚訝！我使用素食微生物凝乳酶製作冰島優格（頁87），但任何種類都可以。

凝乳酶分成錠狀（tablet）和液態（liquid）兩種型態；濃度也分成單倍（single）和雙倍（double）。液態凝乳酶必須放入冷藏並避免光線直射；而錠狀凝乳酶很穩定，放在架子上即可。然而，少量使用時，液態凝乳酶更容易測量用量。重要的是，要購買真正製作起司用的凝乳酶，而非雜貨店常見用於「凝乳食品」的種類。這種凝乳酶確實能夠產生凝膠，但含有大量的胃蛋白酶（pepsin），會產生苦味。

儲存發酵乳

發酵乳需裝入密封容器，放入冷藏儲存。冰箱中的低溫會減緩發酵速度，但不會完全停止，因此細菌會繼續處理殘餘的糖分，導致發酵物變得更酸。直到細菌將糖消耗完畢，或是成品的酸度讓乳品發酵微生物都無法生存。細菌的死亡速度，取決於其耐酸能力和競爭力的差異。通常發酵乳放越久，益生菌的數量就越少，儘管吃起來仍然美味安全。

我無法準確地告訴各位益生菌的活性能維持多久，因為完全取決於發酵結束時的益生菌數量。當然，開始時的菌數越多，隨著時間的流逝，剩餘的細菌也就越多。通常我會試著維持發酵物的份量，以確保足夠使用一週。

別忘了空氣中有黴菌等腐敗微生物。每次打開容器時，發酵乳的表面就會接觸到這些討厭的入侵者。因此，最好將大批的成品分裝至較小的容器，並依序使用。若食用優格、克菲爾或其他發酵乳的速度較慢，容器內可能會發霉，尤其是在較乾燥的側面。雖然多數黴菌不太可能有害，但確實會破壞風味，顯示發酵乳放太久了——也表示益生菌正逐漸死亡（唯一的例外是芬蘭優格，其表面通常會覆蓋一層白色黴菌）。你可以將發酵乳邊緣擦拭乾淨並迅速吃完，或將其重新密封於新的容器。一旦打開容器後，用菌種製成的優格和克菲爾其風味可以保持數週；用克菲爾粒製成的克菲爾，其風味只能保留幾天，接著便會逐漸變酸。

儲存發酵劑

若想休息幾天，暫時停止製作發酵乳，並且事後不想添購新的菌種，你可以將新鮮的發酵劑冷凍或乾燥。冷凍和乾燥都會殺死部分微生物，但只要冷凍、乾燥和保存得當，多數的微生物都可以存活。

根據我的經驗，重新加水的克菲爾粒發酵的效果不錯，但成長速度似乎會受到影響。冷凍的克菲爾粒需要更長的時間才能重新活化並提供足夠的酸度。

冷凍

所幸，微生物在冷凍狀態都能存活良好。它們會進入各種休眠狀態，不需要食物便能生存。然而，若將潮濕的物質凍結，微生物可能會因冰晶生長而被破壞。優格和克菲爾菌種非常潮濕，因此微生物被破壞的風險更高。控制冰晶生長最好的方式是將菌種的水分盡量去除，並快速冷凍。

新鮮種子（FRESH SEED）。優格、芬蘭優格，甚至是由菌種製成的克菲爾等新鮮發酵乳，可以冷凍作為日後的發酵菌種。能夠作用的次數取決於發酵物的微生物菌株。真正的祖傳種發酵劑（例如芬蘭優格和保加利亞優格〔Bulgarian yogurt〕），其效果可能會優於克菲爾等由菌粉製成的發酵物。若不想經常添購新的發酵劑，不妨嘗試一下。

將少量（約1大匙）的發酵劑冷凍。乾淨和乾燥的製冰盒很好用！將稱量好的發酵劑放入製冰盒，接著放入超低溫的冷凍庫，直立式冰櫃的底部效果最好。待發酵劑冰凍後，將其裝入夾鏈袋（每袋放2-4塊）。用真空包裝機密封，或於袋子內插入部分吸管，沿著吸管將袋子密封，並將空氣吸除，最後取出吸管將袋子完全密封。於袋子上標註日期、發酵劑類型和冷凍數量，然後存放在冰櫃中。發酵劑應該可以保存約1個月。使用發酵劑時，將其放入冰箱解凍，或是在培養溫度下將冷凍的菌種加入乳汁——若乳汁變得太冷，務必要重新加熱。冷凍優格菌種的用量等同於新鮮優格菌種的用量。

克菲爾粒。將克菲爾粒冷凍時，必須將乳汁過濾並用非氯化的水徹底沖洗。將其放入濾網，輕輕搖晃，使水分充分瀝乾。看起來呈現乾燥狀態時，將濾網放在乾燥紙巾上搖晃以再次確認。盡可能地除去水分很重要，因為克菲爾粒冷凍時，殘留的水分會形成結晶並破壞其結構。將克菲爾粒裝入小袋子，若想要可以撒上奶粉以吸收殘留水分。

將克菲爾粒冷凍時，撒上奶粉以吸收殘留水分。

盡量排除袋中的空氣，密封後放入超低溫的冷凍庫，直立式冰櫃的底部效果最好。冷凍的克菲爾粒可以保存1年。

乾燥

優格種子和克菲爾粒必須在極低的溫度下乾燥，否則微生物會死亡。和冷凍相比，乾燥的好處是可以排除冰晶形成時破壞微生物的風險，意味著乾燥發酵劑的保存期限比冷凍更久。然而，冷凍快速又方便，若是短期保存，不妨使用這種方式。

新鮮種子。由於乾燥後的體積較小，並且沒有冰晶生長的風險，因此同一個容器內可存放的乾燥優格數量是冷凍的兩倍。將2大匙優格培養物放在正方形的烘焙紙上，抹成0.8公分的厚度。置於安全的地方（遠離灰塵和害蟲，包含你的貓），在約27°C的環境下緩慢乾燥。若空氣流通且濕度很低，可能一天即可完成。乾燥後，將優格留

在烘焙紙上，一同放入夾鏈袋。盡量去除空氣，或使用真空包裝機密封。標註種子的份量（乾燥前測量的數值）、發酵物的種類與乾燥日期。放入冷藏保存，只要適當乾燥，應該可以保存數個月。使用乾燥的種子當作發酵劑時，請假定其體積與新鮮狀態時相同。換句話說，每片正方形烘焙紙上的乾燥發酵劑會縮水得很嚴重，但要將其視為2大匙的優格或克菲爾菌種。

克菲爾粒。將克菲爾粒乾燥時，請用乾淨的非氯化水沖洗，再以濾網瀝乾。將大塊的克菲爾粒分開，放在一張烘焙紙上，於溫暖的（約27°C）環境下乾燥幾天，並遠離害蟲和灰塵。用手隔著烘焙紙將克菲爾粒翻轉數次，避免碰觸到它們。乾燥後，將其放入夾鏈袋。Cultures for Health 公司建議加點奶粉以吸收殘留水分。將包裝袋的空氣全部排出，密封後冷藏。乾燥的克菲爾粒應該可以保存6個月。

短暫儲存克菲爾粒

若想幾個禮拜不製作克菲爾，只是短暫停工而非休息數個月，就不必將克菲爾粒冷凍或乾燥。只要將其簡單沖洗乾淨並瀝乾，然後放入一公升的罐子，最後注入⅔-¾ 滿的乳汁。蓋上蓋子，放入冰箱。儘管溫度低於理想溫度，但乳汁提供了足夠的食物，微生物會以明顯較低的速度生長。我曾聽說有人將克菲爾粒放入冷藏一個月以上都不會壞掉。我試過這樣做，但不喜歡克菲爾粒發生的改變——製成的發酵品會起泡，還帶有一點醋味。如欲停止製作克菲爾長達三週，最好還是將克菲爾粒乾燥或冷凍起來。

第二部

核心食譜：
優格、克菲爾、祖傳種、植物奶發酵

第五章

高溫乳品發酵：
優格與類似菌種

本章節的食譜都仰賴偏好高溫的乳酸菌——嗜熱菌。這些微生物通常在38˚C-49˚C之間表現最好。然而，根據添加的菌種和乳汁，亦可能會出現在更低溫才能發揮良好作用的其他菌種。意味著只要培養溫度有些許的差異，成品就會產生細微的不同。我只提到一些特定的益生菌種，但任何優格菌都適用於此處的食譜。此外，亦可以依照比例增加或減少食譜的材料，以調整發酵物的產量。

嗜熱菌種：有些細菌就是愛高溫

將乳汁轉變成濃稠、微酸與充滿風味的
優格，需要兩種非常特殊的細菌：嗜熱
鏈球菌與德氏保加利亞乳桿菌。這兩種
細菌於第二章提過，是製作優格的必備
要素。它們在發酵過程中會發展出互惠
互利的關係：兩者共生共榮，保加利亞
乳桿菌提供代謝物（metabolite，微生
物的營養來源），能刺激嗜熱鏈球菌生
長；鏈球菌則會迅速發酵乳汁，產生乳
酸並消耗其中的氧氣，替保加利亞乳桿
菌提供理想的生長環境。為了使這兩種
細菌同時運作良好，培養物要以約等量
將兩者混合。

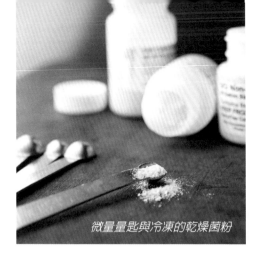

微量量匙與冷凍的乾燥菌粉

購買菌種時，會發現多數商品都
標示著相同的細菌名稱。然而，即便
是同一類的細菌亦會有許多不同的菌
株，產生的優格也會有所差異（見頁
34、35，圖表）。

濃稠的水切希臘優格

含益生菌的優格菌種來源

以下列出一些通路可以購買含益生菌的優格菌種。我非常喜歡 GetCulture 和 Dairy Connection 這兩間公司的 ABY-2C 菌種所產生的風味與質地，也喜歡它用小瓶子而非單包形式進行販售，如此便能更容易少量使用，長期來說也比較划算。這些公司也有提供一些未被標示為益生菌的菌種。關於祖傳菌種的產品列表，請見頁95。

公司名稱	菌種名稱或分類	內容物
Cultures for Health	微酸	乳酸雙岐桿菌（雷特氏B菌）、嗜酸乳桿菌、德氏保加利亞乳桿菌、德氏乳桿菌乳酸亞種、嗜熱鏈球菌
GetCulture、Dairy Connection、Cultures for Health	微酸（ABY-2C）	嗜熱鏈球菌、德氏保加利亞乳桿菌、德氏乳桿菌乳酸亞種、嗜酸乳桿菌、乳酸雙岐桿菌（雷特氏B菌）
GetCulture、Dairy Connection	酸性適中（ABY-653）	嗜熱鏈球菌、德氏保加利亞乳桿菌、德氏乳桿菌乳酸亞種、嗜酸乳桿菌、乳酸雙岐桿菌（雷特氏B菌）
GetCulture、Dairy Connection、Cultures for Health	酸（ABY-611）	嗜熱鏈球菌、德氏保加利亞乳桿菌、嗜酸乳桿菌、乳酸雙岐桿菌（雷特氏B菌）
New England Cheesemaking Supply	甜味優格發酵劑（Y5）	嗜熱鏈球菌、德氏保加利亞乳桿菌、德氏乳桿菌乳酸亞種、嗜酸乳桿菌、乳酸雙岐桿菌（雷特氏B菌）
Yógourmet	優格發酵劑	嗜熱鏈球菌、德氏保加利亞乳桿菌、嗜酸乳桿菌

發酵訣竅

使用優格種子：子代、菌根和種子發酵劑

若用自製優格重新發酵一批乳汁，便稱作使用子代、菌根或種子發酵劑，此種混合細菌會逐漸改變，有時經過一段時間後會完全失效。（後面會提到，祖傳種的微生物較能長期自行複製，但多數現代菌種裡的微生物卻不會如此。）主要原因是菌種中各個種類的細菌會以不同的速率死亡，嗜熱鏈球菌會比保加利亞乳桿菌更快死亡。由於這兩種關鍵的優格微生物需要以等比例存在才能正常運作，不同的死亡速率會影響到重複使用的菌種。話雖如此，通常還是可以將自製優格當作發酵劑，順利地重複使用一段時間。直到不再喜歡做出來的成品，即可停止！（第四章說明如何用冷凍與乾燥發酵乳品當作種子。）以下是使用優格種子／新鮮發酵劑的方法：

• **新鮮優格**。使用1週內的優格。依照食譜建議的比例使用。

• **冷凍優格**。使用冷凍4週內的優格。比例仿照新鮮優格，若優格冷凍近1個月，用量就要增加（當然，使用更多也沒關係）。

• **低溫乾燥優格**。使用乾燥6個月內的優格。比例仿照新鮮優格（根據優格乾燥前，新鮮狀態的原始體積計算用量），在培養步驟中將其剝碎，放入溫乳汁。

經典優格

這是製作各種優格的核心食譜。當我要嘗試使用任何新的乳品，無論是新的來源、新的種類或新的培養物，這是我的首選配方。做好第一批成品後，可以評估優格的濃稠度、風味與酸度，並根據需求調整。

製作2公升

材料

2公升乳汁

⅛茶匙優格菌粉或⅛杯含活性菌的新鮮原味優格

步驟

1. 將乳汁加熱至82°C並保持10分鐘。離火，冷卻至46°C。

2. 加入菌種。若使用菌粉，將其撒在表面，靜置1分鐘後攪拌；若使用新鮮優格，將其倒入小碗與¼杯溫乳汁混合，攪拌至光滑狀，並倒入剩餘乳汁。

3. 以43°C培養8-12小時。冷卻後放入冰箱。

吉安娜克里斯的家庭食譜

這不完全是「秘密的」家庭食譜，但在研究的過程中我未曾見過相同的作法。它不同於經典優格，要先將乳汁加熱至沸騰，並以微生物舒適範圍內的最高溫度來培養。成品的口味溫和且極為濃稠——最棒的是，完成的速度更快！由於多數的優格機與多功能炊具只能將溫度控制在43°C左右，所以必須使用其他培養方式，例如簡易冰桶或食物乾燥機（頁38）。

製作2公升

材料

2公升乳汁

⅛ 茶匙優格菌粉或 ⅛ 杯含活性菌的新鮮原味優格

步驟

1. 將乳汁加熱至沸騰，並經常攪拌，注意避免過度沸騰。一旦沸騰後立即離火，並冷卻至52°C。

2. 加入菌種。若使用菌粉，將其撒在表面，靜置1分鐘後攪拌；若使用新鮮優格，將其倒入小碗與¼杯溫乳汁混合，攪拌至光滑狀，並倒入剩餘乳汁。

3. 以49°C-50°C培養4小時。泡入冷水30分鐘，冷卻後放入冰箱。

發酵訣竅
善用山羊奶

由山羊奶製成的優格根據山羊品種的不同會有很大的差異。若選用的品種能分泌具有高蛋白質與乳脂的乳品（例如努比亞山羊或奈及利亞侏儒山羊），或許可以使用經典優格食譜或我的家庭食譜（頁73、74），以獲得良好的成品。假使來源是其他多數的山羊品種，乳汁較清淡，不妨採用下方的作法之一：

- 延長加熱時間和／或提高溫度。
- 選擇含有能產生胞外多醣的細菌之菌種（更多關於胞外多醣，詳見頁59）。
- 過濾優格。
- 添加增稠劑。

　　我曾經用我的家庭食譜、單純提高加熱溫度，並使用 ABY-2C 綜合菌種（含有可改善質地的細菌），製造出很成功的發酵山羊乳。這是一種快速且非常有效的方法，盡可能地將乳清蛋白保留並增加濃稠度。

印度優格（Dahi）

「Dahi」在印度語代表「凝乳」，其製作方式類似經典優格，但較高的加熱溫度伴隨較低的培養溫度，造就了最終菌種與風味的差異性。我嘗試過許多製作這種傳統發酵品的方法，這是我最喜歡的版本。印度優格是其他幾種發酵乳製品的基礎，包括茶卡凝乳（chakka，水切凝乳）、印度甜優格（mishti doi／laldahi／payodhi，頁84）與印度香料水果優格（shrikhand，用香料和水果調味的茶卡凝乳，頁54）。

製作2公升

材料

2公升乳汁

⅛ 茶匙優格菌粉或⅛杯含活性菌的新鮮原味優格

步驟

1. 將乳汁加熱至85°C並保持30分鐘。離火，冷卻至38°C。

2. 加入菌種。若使用菌粉，將其撒在表面，靜置1分鐘後攪拌；若使用新鮮優格，將其倒入小碗與¼杯溫乳汁混合，攪拌至光滑狀，並倒入剩餘乳汁。

3. 以35°C培養12-16小時。冷卻後放入冰箱。

行銷狂熱

儘管優格在過去幾個世紀有不少傳統名稱,然而在雜貨界,替優格命名是為了獲取更大的市場份額,與其發源地較無關。以下列出市面上最常見的優格名稱。無疑地,日後還會出現更多(我也想提出幾個建議!)。

澳洲風格(AUSTRALIAN STYLE):這是新問世的產品,以濃厚的質地著稱,但並非水切,底部常有果醬。

保加利亞(BULGARIAN):這個名稱與能分離出保加利亞乳酸桿菌的祖傳種優格有關。然而,所有的優格菌中都含有保加利亞乳酸桿菌。

卡士達風格(CUSTARD STYLE):這是一種混合式優格,類似瑞士風格。主要是優沛蕾(Yoplait)公司使用這種名稱。

法國風格(FRENCH STYLE):這種優格在杯中培養且未過濾水分,有時亦被稱為「杯凝乳」(pot set)。經由逆滲透(reverse osmosis,製作優格前先去除水分)才能達成濃稠質地。通用磨坊(General Mills)公司的優沛蕾品牌率先以「Oui」(法語表示「是的」)的名稱來販售。

水果底(FRUIT AT THE BOTTOM):這是「聖代風格」的別稱(見下欄)。

希臘(GREEK):優格製成後將水分過濾。每家廠商的濃度不同,取決於乳清被過濾的量。過濾後的體積通常是原體積的25%-50%,亦被稱作濃縮優格。

希臘風格(GREEK STYLE):這種優格通常沒有過濾水分,卻與水切優格一樣濃稠。其濃稠質地來自於添加增稠劑和/或乳汁的逆滲透。

冰島風格(ICELANDIC STYLE):這是「冰島優格」的別稱(見下文)。

濃縮優格(LABNEH):見「希臘」。

冰島優格(SKYR):傳統藉由添加少量凝乳酶作為增稠劑而形成的冰島風格優格。一些市售品牌改用低脂牛奶過濾水分,取代凝乳酶。

聖代風格(SUNDAE STYLE):在杯中培養的優格,底部含有加糖的水果或果醬,將其倒置可以創造出聖代冰淇淋的效果。亦稱作「水果底」。

瑞士風格(SWISS STYLE):已添加或完全混合調味劑的優格。

俄式烤優酪（Ryazhenka）

俄式烤優酪是俄羅斯版本的優格，其獨特之處在於將乳汁隔夜烘烤，乳糖因焦糖化而產生自然甜味，帶有焦糖風味與鮮明的烘烤色澤。烘烤亦使乳汁脫水，使成品更為濃稠。若以傳統方式製作俄式烤優酪，烘烤的過程會在表面形成金黃色奶皮，幾乎像是在製作烤布蕾（crème brûlée）。

乳汁不可煮沸，要慢煮使糖分和蛋白質有時間轉變，並讓水分蒸發。慢煮乳汁的方法很多，例如烤箱或慢燉鍋（slow cooker）。我不建議使用多功能炊具，因為它無法使乳汁充分焦糖化，並且不能掀開蓋子讓表皮成形。

製作2–3公升

材料

2公升乳汁

⅛ 茶匙優格菌粉或 ⅛ 杯含活性菌的新鮮原味優格

步驟

1. 若使用烤箱，將其預熱至120°C。

2. 將乳汁倒入瓶子或鍋子。若使用慢燉鍋，設定至中高溫。將乳汁加熱至82°C-93°C之間。稍微打開蓋子，以低溫烹煮至乳汁略呈棕色、表面形成黃棕色的斑狀奶皮，約8小時。經常檢查乳汁的溫度，適情況調整慢燉鍋的溫度設定，使乳汁維持在82°C-93°C的範圍內。

若使用烤箱，將鍋子放入烤箱，門稍微打開（可以放一個金屬蓋或木勺，避免門完全關上）。將乳汁烘烤6-8小時，至略呈棕色且表面形成黃棕色斑狀奶皮。

俄式烤優酪 *續*

3. 將乳汁冷卻至46°C。若裝有乳
   汁的鍋子不是陶製或玻璃材質，
   可以將其放入裝滿冷水的鍋子或
   水槽降溫。亦可將瓶子或鍋子置
   於冷卻架上，稍微蓋上。無論何
   種方式，都可以取一把金屬刮刀
   小心探入表皮，輕輕攪動乳汁以
   加速降溫。若不想保留表皮，可
   以將其拌入乳汁。

4. 待乳汁達到 46°C 時，剝去少量
   奶皮，取出¼-½杯的溫乳汁與
   菌粉或優格混合，再拌入剩餘的
   乳汁中。

5. 以43°C培養6-8小時。冷卻後放
   入冰箱。

製作俄式烤優酪的訣竅

若想要保存奶皮，混合優格菌時得稍加留意。通常我會將奶皮與乳汁
混合，碎成片狀的奶皮口感不錯，更不用說這樣做會比將其完整保留
在表面更容易得多。若想要完美的呈現，可用小模具或卡士達杯單獨
烘烤和培養俄式烤優酪，並以單人份上桌。

高溫乳品發酵：優格與類似菌種

我聯繫了一位在莫斯科的熟人——奧列格·博爾德列夫（Oleg Boldyrev）進行本次採訪，他是莫斯科當地人，擔任 BBC 記者二十多年。奧列格熱愛在家中自製起司，擁有我的著作《精通手工乳酪製作》（Mastering Artisan Cheesemaking），過去幾年曾多次透過電子郵件，詢問我製作起司的問題。我很喜歡我的起司筆友，當他願意幫我尋找欲收錄在書中的俄式烤優酪製造商時，我感到欣喜若狂。

妮娜·科茲洛娃（Nina Kozlova）
俄羅斯，莫斯科

改變通常很困難，但有時結果卻是甜美的。 妮娜·科茲洛娃是一位俄籍的優格與俄式烤優酪製造商，她的經歷便是如此。1990 年代初期，由蘇聯改革（perestroika，俄羅斯重整經濟與政治體系）造成的經濟動盪，讓妮娜和丈夫雙雙失業。她原先在位於莫斯科東南部梁贊市（Ryazan）的工廠組裝電視機，丈夫則從事建造業。由於工作難尋，兩人便搬回妮娜出生的村莊。

打從妮娜有記憶起，便記得母親一直在製作新鮮凝乳、奶油和酸奶油（sour cream）。恰巧在妮娜返回村莊時，母親發現了傳統俄式烤優酪，並決定要自製這種優格。僅僅數年後，妮娜便創立了自己的發酵乳品事業。一切都是順水推舟，妮娜說道：「我們一直有養牛，加上從前我總是看人製作這種優格，所以知道怎麼做。」

妮娜每個星期會製作約 50 公升的傳統俄式烤優酪，分裝於獨立的容器。當奧列格為了本篇簡介採訪妮娜時，他品嚐了妮娜的俄式烤優酪，並與市售的品牌作比較。他說：「她的產品當然比較好——更濃郁、帶有太妃糖的風味與來自奶皮的棕色塊狀物。」妮娜也有製作原味優格、酸奶油、奶油、與一種名為特沃勞格（tvorog）的傳統軟凝乳起司，其產品在莫斯科食品合作社拉夫卡-拉夫卡（Lavka-Lavka）的商店販售，同時參與了所屬的農夫市集擺攤。《孤獨星球》旅遊指南將這間商店稱作「莫斯科的波特蘭迪亞」。

譯注：「波特蘭迪亞」（Portlandia）是 1990 年代的電視劇，描述波特蘭是古怪時髦人士聚集的天堂。此處玩笑性地借喻拉夫卡-拉夫卡的有機食材來自當地的小農戶，農民皆以人道方式飼養牲畜。

妮娜埋首於工作，絲毫未察覺自己在俄羅斯興起的手工食品風潮中所扮演的角色。多數乳品製造者對於她分享的甘苦談都深有同感：「這份工

作很辛苦，沒有週末，沒有假期。我可以放假一週，但我的女兒或兒子必須接手，店家需要我們提供俄式烤優酪。」儘管如此，當她談到只有小型製造商才能提供照顧與關注以生產這種精緻的產品時，臉上充滿自豪，並且表示從事這行，家人才能一起打拼。

當她被問及是否打算因應市場需求而擴展事業，她回答：「沒有，我很滿足現狀，否則會沒有睡覺的時間。目前只有我、我的兒女、與兩個侄女。這就是家族企業。」對於小型手工食品製造商而言，最大的回饋通常來自於客戶的反應，特別是那些熟知傳統口味的顧客。妮娜說道：「有時候會有老太太走進來，跟我說東西的味道有如她們兒時的記憶，這讓我感到驕傲。」

越南優格（Sữa chua）

法國於十九世紀後期至第二次世界大戰間佔領了越南。當地人在這段期間接收了數種西方傳統食物並將其本土化，最著名的可能是用法式長棍麵包（baguette）製成的越南三明治（banh mi），而越南優格在西方或許是最鮮為人知的產品。這種優格使用罐裝煉乳和一些易保存的乳製品，例如超高溫殺菌牛乳或半對半鮮奶油（half-and-half，亦可使用質地稍有不同的普通巴氏殺菌牛奶）。這是有道理的，因為乳用動物和鮮奶在東南亞多數地區至今仍十分稀少，更別說是一百多年前。

這個版本不完全是我所列出最健康的優格，但是很好吃！半對半鮮奶油和乳汁的風味，足以平衡煉乳濃郁的甜味。越南優格略帶焦糖味，若單獨用碗或罐子製作，無論是原味或加點酸味的新鮮水果，都是一道美妙的甜點。不知道世面上何時才會見到這種優格被廣為販售？

製作約7杯

材料

1 罐（420毫升）煉乳
1 杯沸水
3 杯超高溫殺菌乳汁

1 杯半對半鮮奶油
⅛ 茶匙優格菌粉或 ⅛ 杯含活性菌的新鮮原味優格

步驟

1. 將煉乳和沸水倒入中碗混合，攪拌均勻至煉乳呈稀釋狀。

2. 加入乳汁和半對半鮮奶油，檢查溫度是否介於43°C-46°C之間。若不是，將其放入裝有冷水或熱水的碗中，以調整至適當溫度。

3. 加入菌種。若使用菌粉，將其撒在表面，靜置約2分鐘後攪拌；若使用新鮮優格，將其倒入小碗與½杯溫乳汁混合，攪拌均勻後倒入其餘乳汁。將混合物倒入小罐子或碗裡，蓋上蓋子。

4. 以43°C-46°C培養6-8小時。若培養8小時，口感會較厚實，濃郁的風味亦可以平衡甜度。冷卻後放入冰箱。

印度甜優格（Mishti Doi）

這款帶有甜味的濃縮傳統印度優格，又名laldahi或payodhi，是俄式烤優酪（頁79）與越南優格（頁82）的綜合體。和俄式烤優酪一樣，乳汁藉由烘烤而濃縮，並使蛋白質變質，但烘烤的溫度較低、時間較短，所以乳汁不會呈棕色，最後再添加糖。這份食譜用的糖比許多傳統印度食譜要求的少，但我仍然覺得非常甜！

由一公升乳汁開始，待烘烤完畢體積會減少⅛-¼，創造出爽口的質地。加入菌種後，可以用單人份容器培養乳汁，擺上新鮮果醬當作甜點，或甚至搭配烤布蕾焦糖（見頁210烤布蕾食譜）。

製作約3杯

材料

1 公升乳汁

¼ 杯糖（我偏好原蔗糖〔raw cane sugar〕或椰糖〔coconut sugar〕）

¹⁄₁₆ 茶匙優格菌粉或2大匙含活性菌的新鮮原味優格

步驟

1. 將乳汁和糖倒入耐熱碗或烤皿混合。烤箱調至低溫或保溫設定（60°C-71°C）。

2. 將未加蓋的碗放入烤箱，烘烤6-7小時，經常檢查溫度，確保乳汁保持在60°C-71°C之間（我喜歡用無線燒烤溫度計來監控）。接著從烤箱取出乳汁，使其冷卻至49°C。

3. 加入菌種。若使用菌粉，將其撒在表面，靜置1分鐘後攪拌；若使用新鮮優格，將其倒入小碗與¼杯溫乳汁混合，攪拌至光滑狀，並倒入剩餘乳汁。

4. 以43°C培養8小時。冷卻後放入冰箱。

高溫乳品發酵：優格與類似菌種

咖啡風味冰島優格

冰島優格（Icelandic Skyr）

這種傳統的冰島優格其獨特之處在於利用些許的凝乳酶來幫助乳汁凝結。凝乳酶的用量極少，過多會產生沙狀的質地。可以使用植物性或傳統的來源（小牛、小山羊或羔羊），並建議選用液態而非錠狀的凝乳酶，以便更容易少量測量。此處請勿使用超高溫殺菌乳汁，否則會妨礙凝乳酶的凝結效果。

有些食譜和市售的冰島優格會選用低脂牛奶，並將其瀝乾以獲得該有的濃稠度。然而，我相信使用凝乳酶是較傳統的做法。

製作2公升

材料

2 公升乳汁（非超高溫殺菌）
⅛ 茶匙優格菌粉或 ⅛ 杯含活性菌的新鮮原味優格

1 滴（0.05毫升）雙倍或單倍濃度的凝乳酶，使用前以4大匙未氯化的冷水稀釋。

步驟

1. 將乳汁加熱至82°C並保持10分鐘。離火，冷卻至46°C。

2. 加入菌種。若使用菌粉，將其撒在表面，靜置1分鐘後攪拌；若使用新鮮優格，將其倒入小碗與¼杯溫乳汁混合，攪拌至光滑狀，並倒入剩餘乳汁。

3. 若使用雙倍凝乳酶，加入1大匙稀釋後的凝乳酶；若使用單倍凝乳酶，則加入2大匙稀釋後的凝乳酶。

4. 以43°C培養8-12小時。冷卻後放入冰箱。

生乳優格

若想製作保存了生乳酵素與原生微生物的優格狀凝乳，這份食譜就很適合。成品的好壞會因乳汁內的菌種而有很大的差異，但只要這些細菌是無害的就沒關係。為了確保這一點，要留意培養的時間和溫度，讓健康的優格菌能快速生長，創造不利於病原體繁殖的環境。

生乳優格未進行過濾或增稠的過程，質地會比經典優格更稀。請務必使用非常新鮮的乳汁，由動物來源取得後立即倒入培養容器的乳汁是最好的——甚至不需要先冷卻！

製作2公升

材料

2公升新鮮生乳

⅛茶匙優格菌粉或⅛杯含活性菌的新鮮原味優格

步驟

1. 將乳汁加熱至46°C。

2. 加入菌種。若使用菌粉，將其撒在表面，靜置約2分鐘後攪拌；若使用新鮮優格，將其倒入小碗與½杯溫乳汁混合，攪拌均勻後倒入剩餘乳汁。

3. 以43°C-46°C培養8-12小時。冷卻後放入冰箱。

如何製作乾燥優格

懂得製作優格的民族通常也會有將優格乾燥的傳統，從而製造出 kurat、kashk 和 qurut 等產品。這些產品的名稱與混合物各不相同，但概念是一樣的——將主食變得容易攜帶、保存與利用。如各位所想，單吃乾燥的優格不是很美味，它們的確並非被用來當作主食，而是要重新做成菜餚。起初我認為，乾燥優格對現代人沒有什麼用處，後來想到可以用在露營和背包旅行。在野外採些野生莓果，混合成沁涼的優格聖代，真是太酷了！最棒的是，只要依照以下說明保存，優格裡頭的益生菌應該仍然能保有活性。第十二章會介紹如何製作優格餅乾，那是從 kurat 演變而來的食譜。

進行這個步驟會需要一台乾燥機。請注意，優格脂肪含量越低，乾燥後便能保存越久。

1. 將原味優格稍微瀝乾（見頁56「過濾技巧」）。

2. 將優格抹在烘焙紙或不沾黏的烤盤布上，越薄越好。

3. 將優格置於乾燥機的托盤上，溫度設定57°C。烘乾6-7小時，至酥脆但未上色。

4. 將乾燥優格分成小塊放入密封袋，盡量將空氣排出或用真空密封。於一星期內食用完畢或者放入冷凍。若袋中含有溼氣，優格塊就會恢復原狀。因此，真空密封可以保存最久。

5. 欲使用乾燥優格時，加水混合至偏好的質地即可享用。

將瀝乾的優格抹在烘焙紙上乾燥

保加利亞優格

這種優格是由祖傳種的培養物所製成，與多數優格相同，進行發酵作用的微生物是保加利亞乳酸桿菌與嗜熱鏈球菌。然而，不同於其他優格菌，這種特殊培養物的菌種似乎能夠代代繁殖。我不確定這是因為起初菌種平衡的差異，還是這些菌種很獨特，但也找不到相關研究能佐證這兩種情況。成品類似於本章節的其他優格，但缺少任何額外的益生菌，或是僅有尚未被認可為益生菌的微生物。你可以從Savvy Teas and Herbs 買到新鮮的保加利亞發酵劑，或是從Cultures for Health 買到冷凍的乾燥發酵劑。粉狀的發酵劑可能需要發酵數次後才能完全恢復活力，並且每週至少發酵一批，以保持微生物的存活與健康。

製作 1 公升

材料

1公升巴氏殺菌乳汁	1 包保加利亞菌粉或 ⅛–¼ 杯近期發酵的保加利亞優格

步驟

1. 將乳汁加熱至82°C並保持10分鐘。離火，冷卻至46°C。

2. 加入菌種。若使用菌粉，將其撒在表面，靜置1分鐘後攪拌；若使用新鮮優格，將其倒入小碗與¼杯溫乳汁混合，攪拌至光滑狀，並倒入剩餘乳汁。

3. 以43°C培養8-12小時。冷卻後放入冰箱。

高蛋白優格

許多廠商會將脫脂奶粉加入優格，以增加濃稠度並提升蛋白質含量。在家中亦可如法炮製，挑選優質的奶粉以獲得最好的品質。使用脫脂或低脂乳汁，可提供比全脂乳汁更多的蛋白質。

製作2公升

材料

2公升脫脂或半脫脂乳汁
¼–½杯脫脂奶粉（高品質的有機品牌）

⅛茶匙優格菌粉或⅛杯含活性菌的新鮮原味優格

步驟

1. 將乳汁加熱至82°C並保持10分鐘。離火，冷卻至46°C。

2. 取1杯溫乳汁裝入另一個碗，慢慢加入脫脂奶粉，攪拌將結塊打散。將混合物拌入剩餘的乳汁。

3. 加入菌種。若使用菌粉，將其撒在表面，靜置1分鐘後攪拌；若使用新鮮優格，將其倒入小碗與¼杯溫乳汁混合，攪拌至光滑狀，並倒入剩餘乳汁。

4. 以43°C培養8小時。冷卻後放入冰箱。

第六章

常溫乳品發酵：
克菲爾與類似菌種、
祖傳種優格

能在工作檯上發酵的乳品特別吸引人且容易製作——無需任何器具或特殊的培養裝置！組成克菲爾粒與類似菌種、以及存在於祖傳種優格內的細菌和酵母菌都偏好介於 18°C-35°C 的室溫。本章節將介紹傳統克菲爾粒的神奇功能，並說明其使用和照顧方式。照顧克菲爾粒耗時費工，若沒有時間或意願，亦可以利用菌粉來自製克菲爾。我會介紹幾種不同使用菌粉的方式，並結合一些受到克菲爾啟發的食譜。

克菲爾粒：偉大的神秘團塊

傳統的克菲爾（發音為kee-fur和kuh-pheer）應該是由稱作「乳汁克菲爾粒」（milk kefir grain）的膠狀微生物團塊發酵而成。這些團塊通常被比擬為花椰菜的花朵，是一個由細菌和酵母菌共生的生命體系（symbiotic community of bacteria and yeasts，簡稱SCOBY）。克菲爾粒是乳品發酵所需之微生物、益生菌和其他健康化合物的特殊來源。事實上，沒有任何發酵乳的微生物多樣性和健康益處能與真的克菲爾媲美（我參考的一篇論文將世界各地的克菲爾和克菲爾粒所包含的50多種細菌與超過14種真菌列舉出來）。克菲爾的健康益處包含降低膽固醇、抑制腫瘤活性、抗微生物和真菌、排除腸道病原體、抗過敏和支持免疫系統，直接使用克菲爾粒凝膠甚至可以加速傷口癒合）。如我在書中前面所述，關於克菲爾粒的發展沒有歷史記載，現代人也未曾提及是如何自發創造的。我們只知道克菲爾粒的存在，並且不同的克菲爾粒根據照顧方式、餵養的乳品基底與生長的地理位置會有很大的差異（見頁95的方框文字）。

克菲爾共生菌（SCOBY）的養護成本很高，需要經常餵食，最好每週一次，以維持高品質的發酵細菌與酵母菌群落。缺乏適當照顧會改變微生物的比例，使得酵母菌和醋酸菌（acetobacter

克菲爾粒發酵最旺盛時會浮起來

bacteria，能製造醋）佔據主導地位，因而產生酵母味與醋味更重的發酵乳。研究顯示健康的克菲爾粒平均含有60%-80%的乳酸菌、20%的醋酸菌，其餘則是酵母菌。克菲爾的風味與香氣會根據這些微生物的比例而有所不同。

克菲爾微生物生長在名為克菲蘭（kefiran）的凝膠狀共生菌基質內。克菲蘭基本上是一種不溶於水的多醣結構，因此在發酵過程中能保持形狀。這種基質會隨著每次餵養而增長，增加類似「住房單元」的空間，提供新的微生物生存。克菲爾共生菌對於如何成形似乎有自己的想法，有些克菲爾粒會擴增體積（見頁32圖片），有些只會自我複製形成小團塊。

當克菲爾微生物到達指數生長期（開始劇烈發酵），它們會浮在乳汁表面。這是一種判斷克菲爾菌是否健康活躍的方式。克菲爾的理想發酵溫度是20°C-25°C之間，取決於克菲爾粒的用量，通常需要18-24小時才能完成。你可以根據喜好調整溫度和時間。克菲爾即便放入冷藏，也會持續緩慢發酵，特別是加入了水果或甜味劑。

若你有定期製作克菲爾，想要或需要休息時，有幾種方法可以保持克菲爾粒的活力與健康，更多資訊請見第四章。

克菲爾菌粉：現代的方法

克菲爾菌粉是由細菌和酵母菌混合而成，旨在模擬傳統克菲爾粒的發酵菌種。相較於克菲爾粒，菌粉有以下優勢：風味較容易預測，因為通常缺少會產生醋酸的細菌，並且可以長時間保存以供下次使用。製成的克菲爾味道溫和，泡沫較少，卻仍帶有獨特風味，有別於優格與其他可常溫飲用的發酵乳。若將克菲爾菌粉與GetCulture品牌的新鮮白脫牛乳菌種相比（編號901，亦非常適合用於製作酸奶油和法式酸奶油），兩者有明顯的差異：克菲爾更有口感，並帶有些微酵母味和氣泡。雖然我喜歡白脫牛乳，但我仍然會因益生菌和氣泡而選擇克菲爾。若你沒有「白手指」（white thumb，譯注：綠手指表示園藝技能，此處指擅於保存克菲爾粒）能使克菲爾粒保持健康活躍，請嘗試用菌種製作克菲爾。

祖傳菌種

祖傳菌種非常獨特，能夠不斷自我複製。若不想經常購買菌種，祖傳菌種是很好的選擇。你可以將克菲爾粒視為一種祖傳種，但通常我們說的「祖傳種」，指的是新鮮、冷凍或粉狀的菌種，一旦開始餵養，就必須定期照顧（如同酸麵種或康普茶母〔kombucha mother〕），才能再生產一批發酵乳。新鮮和冷凍的祖傳種發酵劑通常被稱作種子或菌根（如先前所述）。收到第一批祖傳菌種時要依照指示處理，這點非常重要。通常會建議使用巴氏殺菌乳汁，但也可以嘗試用非常新鮮的高品質生乳——只要做好心理準備，最終可能會發酵失敗，或是因爲生乳原有的菌叢而獲得獨特的培養物。

祖傳菌種的來源和品項

公司名稱	菌種名稱或分類	形式
Cultures for Health	Bulgarian、filmjölk、matsoni、piimä、viili	冷凍乾燥
GEM Cultures	Filmjölk、viili	新鮮
New England Cheesemaking Supply	Bulgarian	乾燥
Savvy Teas and Herbs	Bulgarian、filmjölk、matsoni（他們把它稱爲裏海〔Caspian matsoni〕）、viili	新鮮或乾燥
Yemoos	Filmjölk、viili	乾燥

生物多樣性與地理性

克菲爾粒擁有的細菌和酵母菌種類令人印象深刻。科學家曾研究來自十三個國家的克菲爾粒（詳見「參考文獻」"Microbiological Exploration of Different Types of Kefir Grains"），發現有些不含酵母菌，有些卻含有四個菌屬、數個菌種和或許難以計算的菌株。部分克菲爾粒甚至擁有多達七個乳酸菌屬和兩個醋酸菌種。

細菌多樣性最高的克菲爾粒來自比利時和愛爾蘭，中國與巴西則位居次位。以酵母菌來說，來自台灣和斯洛維尼亞的克菲爾粒含有最多的種類。我們可以保守假設，即便是同一個地區的克菲爾粒，差別也會很大。

想到克菲爾粒擁有如此廣泛的生物多樣性，真是令人興奮。無論是從朋友手中得來或是市售的克菲爾粒，一旦接觸到不同的乳汁和環境，便會隨時間發展出專屬的地理標誌。最重要的是：若你不喜歡第一次嘗試的克菲爾粒，請多方尋求來源並嘗試其他種類。旅行時，看看是否可以取得一些外來的克菲爾粒。若發現新奇的東西，請告訴我！

一批健康的小塊克菲爾粒

用克菲爾粒製作克菲爾

拿到第一批新鮮克菲爾粒時，無論是從朋友手中取得或是郵遞寄送，即便未打算製作克菲爾，仍要立即餵養它們，這一點很重要。假使首次餵食無法讓乳汁在正常的培養時間內變得濃稠，請濾掉乳汁並沖洗克菲爾粒，再次加入新的乳汁將其覆蓋。重複此步驟至克菲爾粒變得活力旺盛，能在預期的時間內將乳汁稠化，有時候需要多試幾次才能將其喚醒。製成的克菲爾仍然可以飲用，但連續餵食才能使風味更好更豐富。一旦克菲爾粒變得活躍（劇烈發酵乳汁時會浮起來），便可以將其連同乳汁放入冷藏，每週發酵一次即可。

你可以使用巴氏殺菌乳汁或生乳，但克菲爾粒在巴氏殺菌乳汁內會生長較快。若使用生乳，克菲爾粒的用量要添加至此食譜的兩倍。生乳亦可能改變共生菌的微生物數量，除非你對成品不滿意，否則這一點沒關係。

製作1公升

材料

2–4大匙克菲爾粒（見註釋）　　　　　　1公升乳汁

註釋：球形的克菲爾粒很難測出體積，只能約略測量。加上個體的活躍程度差異很大，最好根據結果判斷，別著眼於測量體積。通常用量越多便發酵得越快。

用克菲爾粒製作克菲爾 *續*

步驟

1. 將克菲爾粒放入罐子，覆蓋上乳汁（可以是冷的或是培養溫度，但不能是熱的）。

2. 稍微蓋上蓋子，或用手輕輕轉緊（若酵母菌產生大量二氧化碳，氣體便能排出去）。將罐子置於室溫12-24小時，理想溫度約為21°C；亦可直接放入冰箱，緩慢發酵數天。成品的味道會有點不同，但若無法即時飲用這麼多克菲爾，不妨是個好選擇！發酵時可以輕輕搖晃罐子，使成品更加均勻，但此步驟非必要。

3. 若未打算立即使用克菲爾，請放入冰箱冷卻。

4. 欲使用克菲爾時，輕輕搖晃罐子或稍微攪拌。將高品質的不銹鋼、合成纖維或竹製濾網放在玻璃罐或杯子上，接著過濾克菲爾。若需要，可輕輕攪拌濾網中的克菲爾粒以幫助過濾。

5. 用新鮮非氯化的冷水潤洗克菲爾粒，將其放入乾淨的罐子，倒入乳汁再次進入發酵循環。

6. 若不打算立即飲用克菲爾，將蓋子蓋緊並放入冷藏，應該能保鮮數日，酸度和氣泡也會更明顯。製作氣泡版的克菲爾，可將其過濾後倒入帶瓶塞的防碎玻璃瓶（例如裝啤酒或康普茶的容器）或是塑膠瓶，頂部預留2.5-5公分的空間，蓋上蓋子，冷藏3-4天。待打開瓶蓋時，會有泡沫冒出來！

克菲爾蘇打水

不妨做個有趣的實驗，將用克菲爾粒製成的克菲爾過濾後再次發酵，便可得到美味的氣泡飲。將一份果汁（如蔓越莓、櫻桃或蘋果汁）加入兩份新鮮的克菲爾，倒入殺菌的塑膠瓶或帶瓶塞的玻璃瓶（例如裝啤酒或康普茶的容器），冷藏發酵1-2週。每隔幾天，輕輕搖晃瓶子使發酵物混合。氣泡的含量取決於果汁的糖分。若想成品充滿氣泡卻不那麼酸，可在飲用時加入少許小蘇打。這不就成了嗎！

常溫乳品發酵：克菲爾與類似菌種、祖傳種優格

克菲爾蘇打水

用菌種製作克菲爾

儘管我有一批用克菲爾粒製成的克菲爾幾乎不停地冒泡，但我很享受用菌種製作克菲爾的悠閒與獨特性。它讓人想起發酵的白脫牛乳，但多虧了酵母菌讓風味更有勁。如欲製作克菲爾起司、奶油或鮮奶油製品，用粉狀菌種絕對更加容易，可以免去過濾克菲爾粒的程序。若你或你的家人尚未習慣由傳統克菲爾粒製成的克菲爾帶有氣泡感，由菌粉開始會是很好的入門方式。

與優格一樣，若不想使用菌粉，不妨用買來的克菲爾進行首次發酵。因為即便不是全部，多數的市售產品都是由菌粉製成（原因請見頁94的方框文字）。

製作1公升

材料

1公升乳汁　　　　　　　　　　⅛茶匙克菲爾菌粉或¼杯新鮮發酵
　　　　　　　　　　　　　　　克菲爾

步驟

1. 將乳汁加熱至29°C。可以倒入鍋子，用爐火稍微加熱，接著裝入培養罐；或是將冷的乳汁倒入培養罐，放入一碗溫水中加熱。

2. 加入菌種。若使用菌粉，將其撒在表面，靜置1分鐘後攪拌；若使用新鮮克菲爾，將其倒入小碗與¼杯溫乳汁混合，攪拌至光滑狀，並倒入剩餘乳汁。

3. 以16°C-24°C培養12-24小時。冷卻後放入冰箱。

克菲爾菌粉的來源

不同的菌粉含有不同的細菌和酵母菌。以下列出幾個常見品牌，可以在「資源」章節
找到相關聯絡資訊與新鮮克菲爾粒的來源。

公司名稱	菌種名稱或分類	內容物
Body Ecology	克菲爾發酵劑	乳酸乳球菌、乳酸球菌乳脂亞種、乳酸球菌乳亞種丁二酮變種、乳脂明串珠菌（Leuconostoc crem-oris）、植物乳桿菌、乾酪乳桿菌、布拉氏酵母菌（Saccharomyces boulardii）
GetCulture、Dairy Connection	克菲爾C型	乾酪乳桿菌、植物乳桿菌、馬克斯克魯維酵母（K菌，Kluyveromyces marxianus）
Lifeway	克菲爾發酵劑	乳酸乳球菌、乳酸球菌乳脂亞種、乳酸球菌乳亞種丁二酮變種、鼠李糖乳酸桿菌（Lactobacillus rhamnosus）、馬克斯克魯維酵母、乳酸雙歧桿菌（雷特氏B菌）
New England Cheesemaking Supply	克菲爾發酵劑（C45）	乳酸球菌乳脂亞種、植物乳桿菌、乳酸乳球菌、乳酸球菌乳亞種丁二酮變種、克菲爾酵母菌（Saccharomyces kefir）
Yógourmet	克菲爾發酵劑	乳酸乳球菌、乳酸球菌乳脂亞種、乳酸球菌乳亞種丁二酮變種、嗜酸乳桿菌、乳酸酵母菌

發酵克菲爾白脫牛乳

真正的白脫牛乳是將奶油攪拌後殘留的液體（詳見頁133），而發酵白脫牛乳（cultured buttermilk）是由其而得名。發酵白脫牛乳味道略為濃烈，內部的細菌帶來額外的風味與香氣，但不含任何酵母菌，因此風味特性不同於發酵的克菲爾白脫牛乳。市售的白脫牛乳通常會添加少量奶油，以產生近似的質地，喝完時瓶壁上會殘留一層物質。在這份克菲爾食譜中，我們也會添加少量奶油以達到相同的效果。挑選克菲爾菌種時，最好包含乳酸球菌乳亞種丁二酮變種（*Lc. diacetylactis*），以產生奶油般的風味與香氣。與其他克菲爾微生物相比，這種乳酸菌偏好較高的溫度（22°C-28°C）。沒有額外加熱亦可以順利發酵，但你可以測試不同溫度會產生多大的差異。

製作1公升

材料

1 公升乳汁

⅛ 茶匙克菲爾菌粉 （最好包含乳酸球菌乳亞種丁二酮變種）或¼杯新鮮發酵克菲爾

1 茶匙冰奶油，切碎（冷凍後最容易切碎）

步驟

1. 將乳汁加熱至29°C。可以倒入鍋子，用爐火稍微加熱，接著裝入培養罐；或是將冷的乳汁倒入培養罐，放入一碗溫水中加熱。

2. 加入菌種。若使用菌粉，將其撒在表面，靜置5分鐘後攪拌；若使用新鮮克菲爾，將其拌入溫乳汁。

3. 蓋上蓋子以29°C-35°C培養12小時或至乳汁變稠。如要確認酸鹼值，數值應介於4.2-4.6。

4. 將乳汁冷卻至室溫（約21°C）。加入奶油，蓋上蓋子，搖晃使其完全混合至滑順。飲用前先冷卻。

乳清克菲爾

若你曾製作過起司，便知道最終會產生許多額外的液體，亦即乳清。各種規模的起司製造商都為此絞盡腦汁，尋找處理這種副產品的方式。假使你恰好有克菲爾粒和乳清，那麼你很幸運。起司乳清內殘留的乳糖，足以餵養克菲爾粒的微生物，將其轉變為含有益生菌的沁涼飲品。有趣的是，研究指出無論是用製作切達（cheddar）和高達（Gouda）等起司所產生的甜乳清；或是用高溫加酸的方式製作瑞可塔（ricotta）等起司所產生的去蛋白乳清製成的克菲爾，其最終微生物種類與益生菌能力皆類似於用乳汁製成的克菲爾。此處可以使用克菲爾菌種，但我最喜歡使用克菲爾粒。

乳清克菲爾很適合倒在冰塊上，搭配一點草莓與薄荷葉。

製作2-4杯

材料

2-4杯製作起司或過濾優格後留下的 新鮮乳清　　　　1大匙克菲爾粒或¼茶匙克菲爾菌粉

步驟

1. 將乳清與克菲爾粒/菌粉倒入中碗混合，蓋上蓋子，於室溫發酵24-48小時。

2. 若使用克菲爾粒，將其過濾並放入另一個罐子。倒入乳汁以覆蓋克菲爾粒，於室溫靜置24-48小時後即可再次使用。乳清克菲爾可立即享用或放入冷藏，於2-3天內飲用完畢。

馬乳酒（**Koumiss**）

傳統馬乳酒由馬奶發酵而成，帶點酒味且營養豐富，常被戲稱為馬奶香檳（milk champagne）。我們會使用牛乳或山羊奶來製作味道較溫和的版本。於低脂乳汁中添加糖、細菌和酵母菌（克菲爾或克菲爾菌種），可以獲得非常類似傳統馬乳酒的產物。水、乳汁與糖的比例有很大的彈性空間可以調整。水分多一點可以避免結塊，但可能需要添加更多的糖。我嘗試過用優格菌種加香檳酵母（champagne yeast），效果不錯且成品有良好的優格風味。無論如何製作，攪拌時務必用毛巾將瓶子包裹好，避免壓力過大導致玻璃破裂。

製作2公升

材料

1公升脫脂乳
1杯水

2 茶匙糖
⅛ 茶匙克菲爾菌粉或 ⅛ 杯新鮮克菲爾

步驟

1. 將乳汁倒入鍋中，以爐火緩慢加熱至91°C，經常攪拌並保持此溫度5分鐘。

2. 離火，加入水和糖，冷卻至27°C。

3. 加入菌種。若使用菌粉，將其撒在表面，靜置1分鐘後攪拌；若使用新鮮克菲爾，將其倒入小碗與¼杯溫乳汁混合，攪拌至光滑狀，並倒入剩餘乳汁。

4. 以溫暖的室溫（21°C-27°C）培養6-8小時。

5. 將培養的容器放入裝滿冷水的碗或水槽，攪拌使乳品冷卻至18°C-20°C。保持此溫度區間2小時，每30分鐘攪拌一次。

馬乳酒 *續*

6. 倒入塑膠瓶或帶瓶塞的防碎玻璃瓶
   （例如裝啤酒或康普茶的容器），
   冷卻至4˚C。放入冷藏熟成1-3天或
   更久。飲用前先輕搖瓶身以分散結
   塊，並於冰箱內靜置10-20分鐘，
   使多餘的碳酸消退。否則打開時，
   會冒出許多泡泡，徒然浪費了發酵
   乳品！

傳統馬乳酒

傳統馬乳酒是將馬奶裝入馬皮製的袋子內發酵而成。馬乳酒又名kumiss和
coomys，早期由古希臘人、羅馬人與中亞騎馬的游牧民族所製作，然而卻
最常被視為蒙古人的飲料。馬乳酒於13世紀被法國傳教士引進蒙古，而蒙古
人又更進一步將其蒸餾，做成一種名為arkhi的烈酒。傳統馬乳酒的酒精含
量接近「淡啤酒」（small beer），大約是3%。

馬奶的乳糖含量遠高於牛乳、山羊奶和綿羊奶，卻含有較少的脂肪與蛋白
質。這些乳品相比，馬奶製成的馬乳酒質地較輕（由於脂肪和蛋白質含量較
低），且酒精含量較高（有更多糖分能提供發酵）。此處的食譜會額外添加
菌種，但傳統馬乳酒是利用生乳內的細菌，和馬皮製發酵容器內自然累積的
細菌和酵母菌。根據環境中的微生物種類與乳汁發酵時間的長短，成品的酸
度與酒精含量會有所不同。

瑞典發酵乳（Filmjölk）

這種祖傳種瑞典發酵乳有點類似白脫牛乳，但口味比較不酸（即使酸鹼值相同），並且擁有更濃厚與更有層次的質地，風味其實很像鮮奶油。我試過用菌粉和種子兩種不同的方式培養，後者製成的發酵乳好喝很多。GEM Cultures 與 Savvy Teas and Herbs 這兩家公司都有販賣種子型菌種。

製作2-4杯

材料

2–4杯巴氏殺菌乳汁

1包冷凍乾燥的瑞典發酵乳菌或2大匙新鮮瑞典發酵乳

步驟

1. 將乳汁和菌種倒入罐子攪拌均勻。

2. 稍微蓋上瓶蓋，因為可能會產生一些氣體。於18°C-24°C發酵12-24小時或至乳汁變稠，接著放入冷藏。

3. 每週至少重新發酵一次，以維持發酵劑的活力。

發酵訣竅

能否用祖傳種發酵生乳？

若能取得優質的生乳，你很可能會想要好好利用，避免加熱破壞任何的酵素。當我從穀倉裡帶回一桶溫熱的山羊奶時，我的心裡是這麼想的。然而，使用祖傳菌種時，最好使用巴氏殺菌乳汁，或至少用巴氏殺菌乳汁在一旁以種子發酵。祖傳種能輕易被生乳中的天然菌群和抗微生物劑改變，導致發酵能力喪失，或是使成品風味產生極大變化。當然，亦可能幸運地得到更好的發酵品！

芬蘭優格（Viili）

我熱愛芬蘭優格！這種獨特的斯堪地那維亞祖傳種發酵品在芬蘭頗受歡迎，當地人吃早餐時經常搭配肉桂和糖一起享用。芬蘭優格以其膠狀的質地著稱，通常被形容成糨糊狀或濕黏狀。其質地差異甚大，從稀薄會流動（如照所示）至厚實黏稠都有。黏稠的特性則歸功於其中特定的乳酸菌大量產生胞外多醣（EPS，見頁59的方框文字）。根據細菌產生胞外多醣的速率，成品的型態會介於稍微黏稠至無法分離的凝膠塊——有點像兒時的經典玩物「歐不裂」（oobleck，編按：又名goop，由水和玉米粉製成的非牛頓流體）。

我試過幾種芬蘭優格菌種，發現用華盛頓州 GEM Cultures 公司推出的新鮮菌種效果最好。菌粉和脫水菌種無法製造出傳統的黏稠質地。芬蘭優格菌種偏好高脂肪乳品，為了獲得良好的品質，請定期使用半對半鮮奶油或添加鮮奶油進行發酵。

製作2公升

材料

1-2大匙芬蘭優格種子　　　　　　　2-4杯巴氏殺菌乳汁

步驟

1. 將芬蘭優格種子撒在罐子或碗的底部與側面。
2. 倒入乳汁，但不要攪拌。
3. 稍微蓋上瓶蓋，因為可能會產生一些氣體。於室溫發酵12-24小時或至成形，接著放入冷藏。
4. 每週至少重新發酵一次，以維持發酵劑的活力。

芬蘭優格的有益真菌

祖傳種芬蘭優格含有大量經證實有助於健康的益生菌。除了乳酸益生菌以外，還含有白地黴菌（Geotrichum candidum）——經常出現在布里（Brie）與卡門貝爾（Camembert）等法式軟質熟成起司中的真菌。這種生長於表面的真菌會製造出蘑菇和泥土的風味。它需要氧氣，因此只會在產品的表面生長，而表面積的多寡將影響其改變成品的程度。白地黴菌是一種環境中常見的真菌，存在於空氣中，因而變成傳統芬蘭優格的一部分。我的傳統芬蘭優格經過數個月的重新發酵，表面終於長出毛茸茸的東西——我打開容器一看，發現這些真菌在裡面，真是驚喜！若想要讓真菌早點長出來，可以添加一些白地黴菌的菌種（可由起司製造商取得），看看會如何進展。

酪乳（Piimä）

這種美味的祖傳種發酵乳類似白脫牛乳，源自斯堪地那維亞半島。其質地稀薄味道濃郁，非常適合用來製作酸奶油，只需要用半對半鮮奶油或輕鮮奶油（light cream）取代牛奶即可。Cultures for Health 公司有推出冷凍乾燥的酪乳發酵劑。

製作2-4杯

材料

2-4杯巴氏殺菌乳汁   1 包冷凍乾燥的酪乳菌種或¼杯新鮮酪乳

步驟

1. 將乳汁和菌種倒入罐子攪拌均勻。

2. 稍微蓋上瓶蓋，因為可能會產生一些氣體。於21°C-26°C發酵12-24小時或至乳汁變稠，接著放入冷藏。

3. 每週至少重新發酵一次，以維持發酵劑的活力。

GEM菌種公司（GEM Cultures）

華盛頓州雷克塢（LAKEWOOD, WASHINGTON）

位於華盛頓州的GEM菌種公司是一間由家族經營的網路商店，其產品包含康普茶、克菲爾、酸麵種和味噌等各式菌種。這間公司於1980年由戈登‧愛德華茲‧麥克布賴德（Gordon Edwards McBride，GEM由此而來）與其妻子貝蒂（Betty）在加州的布拉格堡（Fort Bragg）創立，如今由他們的女兒麗莎（Lisa）和丈夫拉斯‧鄧納姆（Russ Dunham）接手經營。

我在尋找真正的芬蘭優格菌種（源自芬蘭的黏稠祖傳種發酵品）時發現了這間公司。我從GEM公司買到的種子是歷來試過最活躍且最令人滿意的菌種。這是有原因的：我使用的新鮮菌種是戈登的祖父母，在100多年前將菌種從芬蘭帶到美國後所培養的直系後代。自此，戈登家族的成員便一直悉心照料這批菌種，甚至將它傳遍美國各地。

初次嘗試用GEM公司的種子自製芬蘭優格時，我十分喜歡其溫和的風味與質地。我所能想到的是，小孩會多喜歡食用與把玩這種產品。為了證實我的想法，我詢問麗莎她成長時是否喜歡芬蘭優格。她說道：「我們從小就熱愛芬蘭優格！我們會依照傳統方式撒上肉桂和糖食用。它的質地很好玩，我們會舀一匙看它需要多久才會從湯匙流入碗裡。」她還喜歡看父親將芬蘭優格發酵劑抹在碗中，倒入乳汁並蓋上蓋子，最後放入冷藏最上層，以供隔日早上再次發酵。

麗莎的芬蘭籍曾祖父母有一個大家庭，總共養了14個孩子！最年幼的凡（Van）曾在95歲時表示，他最擔心其長期照顧的芬蘭優格種子日後是否會有人悉心照料。如今GEM公司將新鮮的芬蘭優格推廣得很好，獲得各地發酵乳廠商的廣大迴響，我想麗莎的凡舅公在某處會感到欣慰。更多關於這間瑰寶企業的資訊，請造訪其網站（頁218，「資源」）。

裏海優格（Matsoni）

這種祖傳種發酵品源自東歐和西亞，包含保加利亞、亞美尼亞、俄羅斯和喬治亞等國。亦被稱作matzoon或Caspian Sea yogurt，尤其在日本的雜貨店經常能找到這種優格。根據我的研究調查顯示，裏海優格包含的主要細菌與優格相似（嗜熱鏈球菌和保加利亞乳酸桿菌），然而根據乳汁的種類與生產地，亦可能包含其他種類的乳酸菌。此外，裏海優格含有多種酵母，用Savvy Teas and Herbs公司其新鮮裏海優格菌種做出的成品，會形成精緻的凝膠狀，味道溫和並散發迷人的奶油香，是我嘗試過最棒的結果。

製作2-4杯

材料

2–4杯巴氏殺菌乳汁

1包冷凍乾燥的裏海優格菌種或¼杯新鮮裏海優格

步驟

1. 將乳汁和菌種倒入罐子攪拌均勻。

2. 稍微蓋上瓶蓋，因為可能會產生一些氣體。於18˚C-24˚C發酵12-24小時或至乳汁變稠，接著放入冷藏。

3. 每週至少重新發酵一次，以維持發酵劑的活力。

印尼優格（Dadih）

印尼優格是一種傳統的印尼發酵品，使用營養豐富的水牛乳製作，並在新鮮的竹筒內進行發酵。只可惜我找不到複製這種產品的原料。其家鄉蘇門答臘的當地人利用生乳進行發酵，未添加任何發酵劑。使乳品稠化的功臣是其中的原生細菌與天然存在於竹子和香蕉葉的乳桿菌，香蕉葉在發酵過程被用於覆蓋竹筒。水牛乳的脂肪和蛋白質含量遠高於牛乳，因此水分含量也較低。水牛乳的乳脂成分和山羊奶與綿羊奶一樣不會浮在頂部，因此其發酵產物（如優格或克菲爾）自然會很濃稠。若你碰巧在印尼，或是附近能取得水牛乳、竹筒和香蕉葉，不妨嘗試看看！

第七章

植物奶發酵

無論你是素食者、對乳製品過敏或是只想稍微嘗試，都可以用有趣又美味的植物奶發酵品代替動物乳品。由於植物奶缺乏乳糖和乳蛋白，因此需要以不同的方式進行發酵。基於對乳製品的傳統與正確術語的尊重，我偏好不將「優格」與「克菲爾」等辭彙用在這些新穎的發酵品。這些植物性產品有別於動物乳製品，確實該有專屬的術語。本章節多數的食譜使用不含動物乳品的優格菌種。有幾家公司提供類似動物乳品菌種的綜合細菌培養物，並去除用於擴展與支持菌種的乳糖或脫脂奶粉等成分。

豆漿優格（維根）

欲製作最好的豆漿發酵品，請使用只含水與黃豆的原味純豆漿，若能自製就更好了（見頁 120）。這種豆漿通常會被包裝成保久產品販售，而非放在冷藏區。假使你嘗試用增稠的豆漿，發酵的成品會分離、結塊，帶有粉狀口感，風味也不如真正的豆漿那般清爽宜人。普通豆漿具有平衡的脂肪、蛋白質與糖含量，類似動物乳品。

有許多方式可以使豆漿發酵品增稠（見第四章的選項），我偏好用木薯澱粉帶來更光滑的質地。一旦發酵完成，會出現類似酸的黃豆風味，因此我喜歡添加一點香草精（vanilla extract）來平衡風味。

製作 1 公升

材料

1 公升原味豆漿
2 大匙木薯澱粉

⅛ 茶匙非動物奶優格菌粉或 ⅛ 杯含活性菌的新鮮發酵豆漿
¼–½ 茶匙香草精（自由選擇）

步驟

1. 將豆漿和木薯澱粉倒入中型湯鍋攪拌均勻。

2. 以中火加熱至 60°C，不停攪拌。離火，冷卻至 49°C。

3. 加入菌種。若使用菌粉，將其撒在表面，靜置 1 分鐘後攪拌；若使用新鮮發酵豆漿，將其倒入小碗與 ¼ 杯溫乳汁混合，攪拌至光滑狀，並倒入剩餘豆漿。若使用香草精，將其拌入。

4. 以 43°C 培養 6 小時可製作味道溫和的優格；培養 8 小時味道將更濃郁。食用前先冷卻。放入冷藏保存，並於 7-10 天內食用完畢。

植物奶發酵

椰奶類克菲爾（維根）

在室溫下培養優格菌種時，生長最好的微生物會創造此款優格獨特的風味與香氣。事實上，這些微生物有許多都和克菲爾菌種中的微生物相同。酵母菌是優格菌種所缺乏卻存在於克菲爾菌種內的關鍵微生物。我在這份食譜中添加了一些釀酒酵母菌（Saccharomyces cerevisiae），這是一種經常存在於克菲爾粒的香檳酵母。其不僅可以帶來風味層次與少量氣泡，還有助於發酵。若想讓這款維根版本的克菲爾風味更酸，請於開始時加入一茶匙砂糖，如此能為細菌提供更多食物，使其產生更多的酸。椰奶含有大量脂肪，可以中和較多的酸並保持風味均衡。

製作2杯

材料

2 杯椰奶

1 茶匙糖（椰糖是很好的選擇，但任何糖皆可）

¼ 茶匙含多種微生物的非動物奶優格菌種，例如由 GetCulture 或 Cultures for Health 公司推出的菌種

數顆香檳酵母菌

步驟

1. 將椰奶倒入1公升的罐子，加入糖，攪拌至溶解。

2. 將菌種和酵母菌撒在表面，靜置3-5分鐘後攪拌均勻。

3. 以24°C-29°C培養24小時可製作味道溫和的優格；培養36小時味道將更濃郁。食用前先搖晃或攪拌並冷卻。放入冷藏保存，並於1週內食用完畢。

椰奶芬蘭優格

這是一款有趣的植物奶發酵品，它並非全素。我非常喜歡芬蘭優格，因此想嘗試將這種菌種用於椰奶會得到什麼。效果意外地好，成品和動物奶製成的芬蘭優格相比較不黏稠，但是非常香濃滑順。酸鹼值下降至酸度適中的4.2，與動物奶製成的芬蘭優格相同。我添加一些糖來幫助發酵，與所有椰奶發酵品一樣，成品帶有宜人且濃郁的椰子味。

製作2杯

材料

1大匙芬蘭優格種子   1茶匙椰糖或其他糖類
2杯椰奶

步驟

1. 將芬蘭優格種子撒在約500毫升的罐子或小碗的底部和側面。

2. 取一小碗將椰奶和糖混合，攪拌至糖溶解。

3. 將椰奶倒入罐子，稍微蓋上蓋子，以21°C-24°C培養36-48小時。食用前先冷卻。放入冷藏保存，並於一週內食用完畢。

自製植物奶

如欲製作非動物奶發酵品，新鮮自製的植物奶是首選。自製植物奶的保鮮期非常短（大約只有3天），接著品質會開始下降。商業生產的植物奶保存期限較長，然而增加保鮮期的處理過程卻無法改善風味。罐裝椰奶是個例外，因其完成後便立即封罐。然而，罐裝椰奶與其他商業生產的植物奶相同，通常含有增稠劑、穩定劑、調味劑和添加的糖分，無法製成風味更好的發酵品。

以下列出一些簡單快速自製植物奶的步驟，可應用於本章的發酵品。下方製作椰奶的說明是使用乾燥椰子，但亦可使用新鮮椰子。你必須花點功夫從椰殼取下果肉，但網路上可以找到好的指示。

豆漿

製作1公升

½ 杯黃豆   4 杯冷水，另備更多以浸泡整夜

1. 將黃豆置於碗中，加入足量的冷水覆蓋，浸泡整夜。

2. 瀝乾並潤洗黃豆。用手在水底下搓揉黃豆，盡可能除去堅硬的外殼。

3. 將浸泡後的去殼黃豆放入食物調理機，加入4杯冷水，攪打成泥狀（無豆子或碎片碰撞刀片的聲音）。

4. 於濾盆內鋪幾層起司濾布、棉巾或堅果奶過濾袋，放入一個大碗。將黃豆泥倒入濾盆瀝乾，扭轉布的頂端，盡可能擠出最多液體。豆漿請立即使用，或放入冷藏3天內用完。

杏仁奶

製作 1 公升

1 杯生杏仁　　　　　　　　　4 杯冷水，另備更多以浸泡整夜

1. 將杏仁置於碗中，加入足量的冷水覆蓋，浸泡整夜。

2. 瀝乾並潤洗杏仁。

3. 將浸泡後的杏仁放入食物調理機，加入 4 杯冷水，攪打成泥狀（無豆子或碎片碰撞刀片的聲音）。

4. 於濾盆內鋪幾層起司濾布、棉巾或堅果奶過濾袋，放入一個大碗。將杏仁泥倒入濾盆瀝乾，扭轉布的頂端，盡可能擠出最多液體。杏仁奶請立即使用，或放入冷藏 3 天內用完。

椰奶

製作 1 公升

240 克無糖椰子乾　　　　　　4 杯溫熱水（49°C–54°C）

1. 將椰子放入食物調理機。

2. 加入溫水靜置約 5 分鐘，接著攪打至完全融合。

3. 於濾盆內鋪幾層起司濾布、棉巾或堅果奶過濾袋，放入一個大碗。將椰子泥倒入濾盆瀝乾，扭轉布的頂端，盡可能擠出最多液體。椰奶請立即使用，或放入冷藏 4 天內用完。

杏仁優格飲（維根）

杏仁奶有迷人的淡淡甜味與少許堅果味，用其製成的優格也有類似的風味，並帶有宜人的酸味與類似優格的風味。新鮮杏仁奶能做出最棒的發酵品，然而根據我的經驗，市售的冷藏（非保久型）原味無糖杏仁奶效果也不錯。（我閱讀過許多部落格的說法恰巧相反，但我使用市售杏仁奶發酵未曾出錯。）如欲使成品更酸，每2杯乳汁可以添加約1茶匙糖（我的成品無糖時酸鹼值為4.38，加糖後酸鹼值降至4.27）。我喜歡添加一點關華豆膠來改善口感，但這完全是自由選擇。

為了使這份食譜保持超級簡單，我們直接在硬紙盒中發酵，並置於冰桶培養。當然，若喜歡亦可用罐子發酵！

製作1公升

材料

1 公升原味無糖杏仁奶　　　　　¼ 茶匙非動物奶優格菌粉
2 茶匙粗糖（raw sugar）或蜂蜜　1 茶匙關華豆膠（自由選擇）

步驟

1. 將1杯杏仁奶倒入碗中。加糖、菌粉和關華豆膠（如欲使用），攪拌至固體溶解。

2. 將剩餘杏仁奶倒入小湯鍋，不斷攪拌，加熱至49°C，接著離火。將步驟1的混合物倒入溫杏仁奶，攪拌至溶解。

3. 將杏仁奶倒回硬紙盒，稍微蓋上後放入冰桶。培養8-10小時，或至達到偏好的酸度。不必重新加熱混合物。輕輕搖晃，冷卻後再享用。放入冷藏，於7-10天內用完。

春田乳製品廠和南希優格
（Springfield Creamery and Nancy's Yogurt）
俄勒岡州，尤金（EUGENE）

星星有時會排列成美麗的星座。對南希優格和春田乳製品廠而言，星星除了會排成星座（如其產品包裝），亦象徵該公司的創業故事（由美國搖滾樂隊死之華〔Grateful Dead〕與歌手修·路易斯〔Huey Lewis〕等眾星為其演唱和行銷）。南希優格起初為春田乳製品廠，於1960年由查克·凱西（Chuck Kesey）和蘇·凱西（Sue Kesey，後續會有一位名叫南希的人出現）於俄勒岡州的春田（Springfield）成立，是發酵乳領域的先驅，經營得很成功。自1990年代中期，其產品已經銷售至全美50州和加拿大，俄勒岡州的人都以此為榮。

他們起初將乳汁裝瓶並配送至春田與尤金地區的家庭和學校。在1960年代後期，查克和蘇設法開發增值的產品——透過其現有的優質當地乳汁來增加收入。那時恰逢掀起對天然與真實全食物的熱潮，擁有乳類科學學位的查克，察覺了在乳製品中添加有益健康的嗜酸乳桿菌之市場潛力。接著，南希就出現了。

南希·布拉希·哈姆倫（Nancy V. Brasch Hamren）是一位來自舊金山灣區的優格愛好者。她和男友為了替查克的哥哥肯·凱西（Ken Kesey，曾著有小說《飛越杜鵑窩》〔*One Flew over the Cuckoo's Nest*〕）照看農場，而初次來到尤金地區。當這份工作於1969年結束時，南希決定留在當地，並找到了替查克和蘇記帳的工作。南希的祖母熱愛優格，她因而受到啟發，渴望分享與學習關於乳品發酵的知識。

到了1970年，春田乳製品廠已經成為全美第一間販售用益生菌製作，且標示含有益生菌的優格。幸運的是，產品推出的時機良好，因此在健康食品店和小型食物合作社等通路找到了忠實顧客。當地的死忠客戶致電公司時，通常由南希在電話中問候他們，於是開始了「南希優格」的名稱。

將時間快轉至50年後的今日，南希優格的益生菌產品系列包含有機天然茅屋起司、酸奶油、克菲爾、各式優格，甚至還有燕麥奶優格與有機黃豆優格等兩款植物性發酵品。這些產品都含有發酵和益生菌的綜合菌株，其中許多是由南希和查克所挑選，成為南希優格特有的美味產品。擔任公司財務長的蘇與總裁查克，連同其兒女與兩個孫子目前仍在經營公司。欲知更多關於這間公司的迷人歷史，請造訪其網站（頁218，「資源」）。

不含動物乳品的菌種來源

以下列出幾個不含動物乳品的菌種選項。我偏好益生菌種類最多與風味多變的產品。

公司名稱	菌種名稱或分類	內容物
Belle + Bella	非動物奶優格發酵劑	嗜熱鏈球菌、德氏保加利亞乳桿菌、嗜酸乳桿菌
Cultures for Health	維根優格發酵劑	比菲德氏菌、嗜酸乳桿菌、乾酪乳桿菌、德氏保加利亞乳桿菌、鼠李糖乳酸桿菌（LGG菌）、嗜熱鏈球菌
Eugurt	非動物奶優格發酵劑	乳酸桿菌、嗜熱鏈球菌、比菲德氏菌
GetCulture、Dairy Connection	不含動物乳品的優格菌種	比菲德氏菌、雷特氏B菌、嗜酸乳桿菌、乾酪乳桿菌、德氏保加利亞乳桿菌、鼠李糖乳酸桿菌（LGG菌）、嗜熱鏈球菌

發酵訣竅

使用或不使用益生菌膠囊

藥房販售的益生菌膠囊裡含有被證明有益健康的綜合菌種，但未必包含最適合用於發酵的菌株。保加利亞乳酸桿菌是主要的優格菌，但多數的益生菌補充品（若買得到）都不含這種細菌。你可能還記得保加利亞乳酸桿菌與嗜熱鏈球菌需等量混合才能使乳汁酸化得最好。許多補充品都含有嗜熱鏈球菌，但缺少了夥伴，膠囊中的菌種便可能無法適當地發酵乳汁。此外，許多補充品內含有不存在於優格或克菲爾的其他益生菌種，使用是無妨，但酸度與風味特性可能會讓人大吃一驚。我曾經測試用一些補充品製作椰奶優格，發現成品的風味十分古怪。

椰漿優格（維根）

椰奶和椰漿含有天然糖分，但不足以餵養發酵細菌並產生預期的酸度，因此需要添加砂糖。當我進行不加糖的測試時，酸鹼值只降到5.2，酸度較乳製優格低10倍。即便這份食譜加了糖，達到與乳製優格相同的酸鹼值，椰子豐富且宜人的甜味使其吃起來不如乳製優格酸。市售椰子優格會添加少量檸檬酸（citric acid）以增加酸味。如欲嘗試這種方法，請於發酵前將一撮檸檬酸（其風味很強，不需要加更多）溶解於混合物中。

欲使椰子優格變稠有兩種方法：使用最濃稠的椰奶產品（如椰漿）或添加增稠劑。你可以實驗將這兩種方式變化組合，以獲得偏好的濃稠度。

製作2公升

材料

1罐（400毫升）椰奶
1罐（160毫升）椰漿
1大匙木薯澱粉

½茶匙糖
¼茶匙非動物奶優格菌種

步驟

1. 將椰奶、椰漿、木薯澱粉和糖倒入中型湯鍋攪拌均勻。

2. 以中火加熱至60°C，不斷攪拌。離火，冷卻至49°C。

3. 將菌種撒在溫的椰子混合物表面，靜置1分鐘後攪拌均勻。

4. 以43°C培養8小時。食用前先冷卻。放入冷藏保存，並於7-10天內使用完畢。

用克菲爾粒製作杏仁克菲爾

克菲爾粒只要在使用過程中，以真正的動物奶餵養，便能將其用於植物奶發酵。由於克菲爾粒是用動物奶餵養，因此這份食譜嚴格來說不算全素，但對於乳製品過敏的人應該沒問題。杏仁奶含有大量蛋白質與極少量的糖，因此必須加糖以獲得類似克菲爾的宜人酸味。克菲爾是可飲用的，因此無需添加增稠劑。新鮮的杏仁奶（見頁121的製作方法）效果最好，但市售的杏仁奶也可以。發酵約16小時後會產生美妙的微酸味，與未發酵的杏仁奶相比，我其實比較喜歡這種產品。這種使用克菲爾粒加少量糖的做法亦適用於其他植物奶。

製作2杯

材料

2 杯無糖原味杏仁奶
1 茶匙糖

1–2 茶匙潤洗過的克菲爾粒

步驟

1. 將乳汁加熱至32°C。可以倒入鍋子，用爐火稍微加熱，接著裝入培養罐；或是將冷的乳汁倒入培養罐，放入一碗溫水中加熱。

2. 加入糖，攪拌至溶解，接著加入克菲爾粒。蓋上蓋子，於室溫（21°C-24°C）發酵16-24小時。

3. 取出克菲爾粒，潤洗後放入裝有新鮮動物乳汁的罐子餵養。飲用前先冷卻。放入冷藏保存，並於7-10天內使用完畢。

第八章

發酵奶油、發酵鮮奶油、優格和克菲爾起司

在優格的發源地，用優格與其他傳統發酵乳製成的發酵奶油和鮮奶油相當普遍。然而，在美國卻是非常新穎的概念。如今我已經用這種方式製作奶油和鮮奶油一段時間了，很難想像不使用益生菌種，因此我把最愛的食譜與各位分享。本章節亦收錄軟質與硬質的益生菌起司食譜。當我製作菲達起司（feta）或農莊起司（farmhouse）等堅硬起司時，我喜歡使用優格或菌種發酵的克菲爾，而非克菲爾粒製成的種類。這是個人的喜好，但傳統克菲爾粒含有一些明顯的酵母與醋酸味，出現在起司裡可能會不如飲品那般宜人。酵母菌產生的氣體，甚至可能會讓起司形成孔洞，但這只是美觀的問題。優格與克菲爾菌種的效果相當，但優格菌種的速度快得多。

優格/克菲爾白乳酪或山羊乳酪

「*chèvre*」這個名稱在美國指的是新鮮山羊乳酪。製作白乳酪（Fromage blanc）的食譜與山羊乳酪相同，但使用的是牛乳。兩者都是長時間凝固的酸凝起司（acid-coagulated cheeses），製作時要加點凝乳酶（用量稍大於冰島優格，頁87）。將發酵後的凝乳瀝乾，質地介於乾燥易碎至微濕可塗抹的起司。兩種都要加鹽調味，並且很適合與香草和香料混合。這份食譜需要用到起司濾布。

製作1-2公升

材料

4 公升巴氏殺菌或優質生乳
⅛ 茶匙優格或克菲爾菌粉，或 ⅛ 杯新鮮優格或克菲爾

1 滴（0.05毫升）雙倍或 2 滴（0.1毫升）單倍濃度的凝乳酶，使用前以4大匙未氯化的冷水稀釋
1 茶匙或適量的鹽

步驟

1. 若使用優格菌種，將乳汁加熱至43˚C；若使用克菲爾菌種，則加熱至35˚C。

2. 加入菌種。若使用菌粉，將其撒在表面，靜置1分鐘後攪拌；若使用新鮮優格或克菲爾，將其倒入小碗與¼杯溫乳汁混合，攪拌至光滑狀，並倒入剩餘乳汁。

3. 拌入稀釋的凝乳酶。

4. 以43˚C和35˚C分別培養優格與克菲爾的版本，時間為8-12小時，或者至凝乳表面覆蓋約0.6公分的乳清，且發酵物周圍逐漸從容器剝離。

5. 於濾盆內鋪上起司濾布，倒入沸水消毒。用湯匙挖取或直接將熱的凝乳倒入濾盆，蓋上蓋子使其過濾，經常攪拌至起司達到偏好的質地，約4-6個小時。

6. 將起司裝入容器，加鹽混合。冷藏數日後再食用風味更佳。

優格／克菲爾奶油

手工攪拌的奶油就其純粹與為身心帶來的愉悅而言，都是實質的享受。將鮮奶油加熱至室溫，攪拌後便可以製成奶油。當鮮奶油加熱時，其中的脂肪球會軟化，而攪拌的動作會促使其融合聚集，最終形成奶油塊，並留下低脂的液體，即為白脫牛乳。

這份食譜需要添加克菲爾或優格菌種來製作發酵奶油。根據發酵劑所含的菌種，發酵奶油只會有微微的酸味與帶有層次的誘人風味。若使用優格菌種，請選擇成品較不黏稠的種類，否則會難以適當攪拌。若使用克菲爾粒，請使用輕鮮奶油或半對半鮮奶油取代重鮮奶油──由稀薄的溶液取出克菲爾粒會比較容易。製作奶油不需要奶油攪拌器（butter churn），使用一公升的玻璃罐即可。

製作約 1 杯

材料

2 杯重／輕鮮奶油

⅛ 茶匙優格或克菲爾菌種、⅛ 杯新鮮優格或發酵的克菲爾，或 2 大匙克菲爾粒

¼ 茶匙鹽（自由選擇）

適量調味品，如普羅旺斯綜合香料（herbes de Provence）、龍蒿（tarragon）、番紅花（saffron）、煙燻海鹽（smoked salt）或烤大蒜（自由選擇）

步驟

1. 將鮮奶油倒入玻璃罐或奶油攪拌器，加入菌種攪拌混合。

2. 若使用優格菌種，以 43°C 培養 4-6 小時，接著冷卻至 20°C-22°C；若使用克菲爾菌種，以 20°C-22°C 培養 18 小時。

3. 搖動罐子或攪拌至奶油和白脫牛乳分離。搖動罐子時，避免使用溫熱的手握住罐子導致鮮奶油過熱。只要握住蓋子，上下搖動即可。此步驟需要的時間可能介於幾秒鐘到 10 分鐘，取決於個人的技巧與鮮奶油的脂肪含量。

食譜於下頁接續

優格／克菲爾奶油 *續*

4. 濾掉白脫牛乳。可以將其保存飲用，或是製成美味的餅乾、煎餅和鬆餅。準備一大碗冰水。

5. 從罐子或攪拌器中取出濕潤的奶油塊，放入中型的碗。將其放入裝有冰水的大碗，用大湯匙的背面輕輕按壓奶油以排出多餘的水分。

6. 待殘餘極少量的水分時，拌入鹽（如欲使用）。若想將奶油調味，同樣於此時加入調味品。

7. 繼續擠壓奶油，或使用奶油壓榨器（butter press）盡可能將水分去除。奶油的含水量越少，保鮮期就越長，冷凍後的質地也就越好，烹飪時也較不會飛濺。

8. 將奶油放入奶油盅（butter bell）或盒子保存。若使用奶油壓榨器，可將成形的奶油用烘焙紙或防油紙包裹。奶油的保存期限視其含水量而異，冷藏應該可以長達數週，甚至是數個月；冷凍則是無限期。

真正的白脫牛乳

製作新鮮奶油時，經由過濾和攪拌產生的半透明滴狀液體，就是真正的白脫牛乳。通常大家很熟悉發酵的白脫牛乳，但真正的白脫牛乳十分不同，有點類似乳清，但比較扎實，並且當然會伴隨少量的新鮮碎奶油。由新鮮奶油（未經發酵）擠出的白脫牛乳帶有簡單的甜味，而從發酵奶油提取的白脫牛乳層次複雜，既營養又美味。因此，製作優格或克菲爾奶油時，別忘了保留白脫牛乳——這種東西簡直太棒了！事實上，我很少能等到它冷卻後再飲用。這是努力攪拌所獲得的回報。

優格/克菲爾瑞可塔起司

「瑞可塔」（ricotta）字面的意思是「再次煮熟」。製作起司會產生大量乳清（最多佔原始乳汁體積的90%），其中包含許多乳清蛋白。將這些微酸的乳清加熱至82°C或更高的溫度時，這些蛋白質會自動凝結並浮到表面。傳統製作瑞可塔起司的匠人，會將這些凝乳撈出來瀝乾。因此，傳統的瑞可塔起司是製作莫札瑞拉（mozzarella）等義大利起司的副產品。

我們將使用原味克菲爾或優格作為酸的來源使乳汁凝結，成品比全脂乳汁製成的瑞可塔起司更有趣，這得歸功於克菲爾或優格的風味。這個作法很適合用於放了較久的優格或克菲爾，因為其不僅酸度更高、更容易使乳汁凝結，並且已喪失大量的益生菌活力。此食譜需要用到起司濾布。

製作約2杯

材料

4 杯乳汁
2 杯優格或克菲爾（菌種發酵或由克菲爾粒製成）

¼–½ 茶匙鹽（自由選擇）

步驟

1. 將乳汁倒入大型不銹鋼鍋，以中大火加熱至沸騰，不斷用刮刀刮抹底部，避免乳汁沾黏和燒焦。冷卻至約91°C。

2. 輕輕拌入優格或克菲爾。你會看到凝乳立即成形，分離出清澈的乳清。

3. 於濾盆內鋪上起司濾布，將其放入水槽或另一個鍋子內。用湯匙或湯勺舀取熱的乳清和凝乳，或直接將其倒入濾盆。將凝乳過濾約10分鐘，或達到偏好的質地。每隔幾分鐘，小心拉起濾布的兩端，前後翻轉凝乳以幫助過濾。

4. 拌入鹽（如欲使用），接著將凝乳裝入容器，放進冰箱冷卻。於1週內食用完畢或以冷凍保存。

打發法式優格 / 克菲爾鮮奶油

法式鮮奶油類似酸奶油，但更加美味。酸奶油的脂肪含量在美國的規定約為18%，而法式鮮奶油的脂肪含量高低不等，通常較接近輕鮮奶油（20%）。我的版本使用重鮮奶油（脂肪含量約37%），並且毫不後悔！這份食譜很適合搭配各種甜點。

將鮮奶油打發的過程會展現溫度對脂肪球的驚人作用。由於鮮奶油是在冷的狀態被攪動，脂肪球不會聚集在一起（與用溫鮮奶油製作奶油時的情況相反）。相反地，空氣會被拌入鮮奶油，使體積增加一倍，因而形成打發鮮奶油（whipped cream）。使用發酵的重鮮奶油會形成非常濃稠的產品。若不想要那麼濃稠，請使用輕鮮奶油，或在重鮮奶油中加入¼杯乳汁。

製作約2杯

材料

2 杯重/輕鮮奶油
⅛ 茶匙優格或克菲爾菌粉，或⅛杯新鮮優格或菌種發酵的克菲爾

¼ 茶匙鹽（自由選擇）
2 茶匙糖或楓糖漿（自由選擇）

步驟

1. 將鮮奶油倒入一公升的玻璃罐，加入菌種攪拌混合。

2. 若使用優格菌種，以43°C培養1-2小時，接著冷卻至20°C-22°C。若使用克菲爾菌種，以20°C-22°C培養4-8小時。

3. 將發酵鮮奶油放入冰箱或用冰水浴降溫至2°C-4°C。

4. 將發酵鮮奶油倒入碗中，拌入鹽和糖（如欲使用）。使用攪拌器或手持攪拌器攪打至形成尖狀。打發的法式鮮奶油可冷藏保鮮數日，並且不會改變質地。

　　發酵奶油、發酵鮮奶油、優格和克菲爾起司

打發法式優格鮮奶油
（頁 136）

優格瑞可塔起司
（頁 135）

優格酸奶油

優格/克菲爾酸奶油

市售酸奶油是由乳脂含量約18%的乳汁製成（作為比較，半對半鮮奶油的乳脂含量約12%、輕鮮奶油約20%、打發或重鮮奶油則介於35%-38%）。這份食譜，我偏好用半對半鮮奶油以創造口感豐富濃厚的酸奶油。市售的酸奶油通常都含有增稠劑和調味劑等大量添加物。這款食譜將讓你感到非常驚訝，原來自製優質的酸奶油這麼容易！

優格或克菲爾菌種的選擇，取決於現有的菌種與擁有的時間長短。優格的版本會快很多。若使用克菲爾粒，需注意將其從濃稠的鮮奶油中取出將是個挑戰。以下是我們的酸奶油首選，每一匙都含有豐富的益生菌。

製作1公升

材料

1公升半對半鮮奶油

⅛茶匙優格或克菲爾菌種、⅛杯新鮮優格或菌種發酵的克菲爾，或2大匙克菲爾粒

步驟

1. 將半對半鮮奶油倒入一公升的玻璃罐，加入菌種攪拌混合。

2. 若使用優格菌種，以43°C培養8-12小時，接著冷卻至20°C-22°C，並讓鮮奶油保持此溫度4-6小時。若使用克菲爾菌種，以24°C培養24小時。食用前先冷卻。將酸奶油放入冷藏可保鮮2-3週。

速成優格莫札瑞拉起司

傳統製作莫札瑞拉起司的方式通常需要一整天，雖然過程令人愉快，但多數人沒那麼多時間。我的導師兼偶像里基・卡洛爾（Ricki Carroll）透過其著作《自製起司》（*Home Cheese Making*）將「30分鐘速成莫札瑞拉起司」發揚光大。訣竅是加入精確的檸檬酸，使乳汁受熱後產生塑化（plasticize）與延展的特性。此處我們將使用優格與些許檸檬酸來製作新鮮的莫札瑞拉起司，其風味幾乎不輸傳統長時間製成的莫札瑞拉起司。

所有速成莫札瑞拉起司的食譜都一樣，可能會添加過多或過少量的酸。若有辦法測量酸鹼值，理想的目標介於5.1-5.2之間。然而，取決於乳汁的酸度，你可能會錯過這個目標值。為了幫助降低風險，請仔細測量優格用量。使用未過濾的優格，帶有酸味但不要太酸。此食譜我不建議使用克菲爾，因為其通常比優格更酸，可能會導致酸鹼值降至過低。若凝乳無法延展且和橡膠一樣堅硬，下次再多加一點檸檬酸。若凝乳伸展後立即散開，下次就加少一點。你會需要溫度計、起司濾布、長刀，與手套來處理熱的凝乳。

製作約450克

處理莫札瑞拉凝乳的訣竅

- 只有在凝乳容易操作時才進行伸展；一旦凝乳變硬，立即重新加熱。
- 每次以相同方向伸展與折疊凝乳，以幫助蛋白質鏈延長。
- 如欲將凝乳製成球狀，請用拇指輕輕按壓凝乳側邊，來回繞圈將其往中心帶回（類似讓麵糰成形的手法）。
- 記住，少即是多！過度操作會導致乳脂與柔軟度流失。

材料

4公升全脂乳汁（非超高溫殺菌）
½杯新鮮原味優格
1¼茶匙檸檬酸，以⅛杯冷水稀釋

⅛茶匙雙倍或¼茶匙單倍濃度的凝乳酶，使用前以⅛杯未氯化的冷水稀釋
2茶匙鹽

步驟

1. 將乳汁和優格倒入5-6公升的鍋子，攪拌至充分混合。拌入稀釋的檸檬酸。

2. 將裝有乳汁的鍋子放入更大的鍋子內，於外鍋注入足量的水以覆蓋內鍋鍋壁。輕輕攪拌乳汁並以中火加熱至35°C。離火，讓鍋子繼續留在水中。

3. 於乳汁上方握住一支濾勺（slotted spoon）或起司勺（cheese ladle），將稀釋的凝乳酶透過濾勺倒入乳汁內（濾勺可幫助分散凝乳酶）。用濾勺上下攪拌乳汁5-7次，接著停放在乳汁表面各處，以穩定乳汁。蓋上蓋子，靜置5分鐘。

4. 用長刀將凝乳切成約0.6公分的丁狀，先穿過凝乳垂直斜切，再水平斜切。請注意，不可能切出完美的丁狀！盡力使大小一致即可。再靜置5分鐘，凝乳會有海綿般的柔軟質地，攪拌時可能會變得非常小。

5. 用橡皮刮刀輕輕攪拌凝乳。接著將放在熱水浴中的鍋子以小火加熱至41°C。（熱水浴的餘溫可能已經使溫度升高。）

6. 於濾盆內鋪上起司濾布，置於碗的上方。將溫凝乳倒入濾布，用濾布翻轉凝乳數次，以排出更多水分。不必使凝乳保溫。

7. 將乳清倒回鍋中，加入1茶匙鹽。以中火加熱至54°C。準備一個大碗裝滿一半冷水。

步驟4

食譜於下頁接續

8. 將剩餘1茶匙的鹽拌入乳清。切一小塊凝乳，浸入熱的乳清約30秒鐘。拉拉看凝乳是否能伸展。若需要可以將乳清加熱至66°C，以幫助凝乳伸展。

9. 輕輕操作凝乳（見頁140的訣竅），依需求重新加熱。這個步驟很容易過度操作，將乳脂擠出來變成橡膠球，所以動作要輕柔！

10. 一旦莫札瑞拉起司成形，將其放入冷水浴。速成莫札瑞拉起司剛做好時最柔軟，是食用的最好時機。然而，亦可冷藏數天使其硬化，當作搭配披薩等食物的融化起司。起司完成後，應於1週內食用完畢。

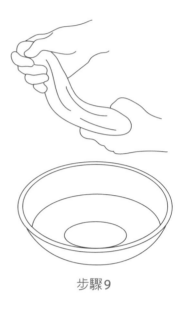

步驟9

起司製作訣竅
起司鹽（Cheese Salt）是什麼？

我經常在課堂上被問道：「什麼是起司鹽？」簡短的答案是：「沒有這種東西！」製作起司時，添加鹽有兩個原因：增加風味與幫助保存。某些情況下，例如瑞可塔起司和速成莫札瑞拉起司等即食產品，加鹽只是為了調味。對於那些透過細菌發酵劑使風味變得更濃郁的起司而言，必須使用純鹽（pure salt），因為碘等添加劑會對微生物造成傷害。你可以在任何的雜貨店買到純氯化鈉，記得選用精鹽（fine salt），海鹽（sea salt）便是很好的選擇。

優格 / 克菲爾菲達起司

如欲開始製作更複雜的起司，菲達起司是個好的選擇。可以做好新鮮現吃，或放入冷藏熟成，並且製作所需的工具不多。我對於菲達起司很挑剔，可能是因為我的希臘血統，或是小時候就愛吃這種起司，確切的原因我也不清楚，而美國市售的菲達起司多數都做得不道地。一旦你熟悉這份食譜後，將一批成品保留讓它熟成，看看時間如何對起司發揮神奇的作用。製作時需要一支溫度計、起司濾布和長刀。

製作675-900克

材料

8 公升全脂乳汁

¼ 茶匙優格或克菲爾菌粉，或¼杯新鮮優格或克菲爾

⅛ 茶匙氯化鈣，以2大匙冷水稀釋（自由選擇；用市售的均質乳汁時建議使用）

⅛ 茶匙雙倍或¼茶匙單倍濃度的凝乳酶，使用前以¼杯未氯化的冷水稀釋

2 茶匙純鹽（如海鹽或未添加防結塊劑的無碘鹽）

步驟

1. 將乳汁倒入大鍋，再將其放入更大的鍋子內。於外鍋注入足量的水以覆蓋內鍋鍋壁。以中小火將乳汁加熱至31°C-32°C。外鍋的水會比乳汁熱，因此在乳汁達到所需的溫度前便關火，或是準備將裝有乳汁的內鍋從熱水浴取出。

2. 加入菌種。若使用菌粉，將其撒在表面，靜置3-5分鐘，接著輕輕攪拌2-5分鐘。若使用新鮮優格或克菲爾，將其倒入小碗與½杯溫乳汁混合，並倒入剩餘乳汁。

3. 若使用優格菌種，以41°C培養1小時，偶爾攪拌。若使用克菲爾菌種，以31°C-32°C培養1小時，偶爾攪拌。通常蓋上鍋蓋並泡在水中即可。拌入稀釋的氯化鈣（如欲使用）。

食譜於下頁接續

4. 使用濾勺或起司勺上下攪拌乳汁數次，於乳汁上方握住勺子，將稀釋的凝乳酶透過勺子倒入乳汁。攪拌1分鐘，將勺子停放在乳汁表面各處，以穩定乳汁。

5. 蓋上鍋蓋，讓乳汁靜置，至凝乳產生清楚的裂痕。若使用優格菌種，約需要25-30分鐘；若使用克菲爾菌種，則需要45分鐘。

步驟5

6. 用長刀將凝乳縱切成1.2公分寬的條狀，接著以水平方向傾斜穿過條狀凝乳切幾刀。 蓋上鍋蓋，靜置10分鐘，使凝乳變得更堅硬。

步驟6

7. 輕輕攪拌凝乳，使其在鍋中緩慢移動。檢查溫度，若優格發酵的混合物溫度低於41°C-43°C，或克菲爾發酵的混合物溫度低於31°C-32°C，將鍋子放回熱水浴，重新加熱至其對應溫度。繼續攪拌20分鐘，凝乳在過程中會收縮並且稍微硬化。

8. 於濾盆內鋪上起司濾布，將凝乳緩緩倒入其中，過濾幾分鐘。亦可將凝乳放入籃子過濾水分（如頁144圖片所示）。

9. 用濾布的四個角打結，接著穿過鞋帶或繩子。將起司掛在鍋子上方，於室溫瀝乾18小時。若使用起司模具（form）過濾水分，於18小時內將起司輪（wheel）翻轉兩次。

10. 從濾布取出起司，將其切成2.5公分片狀。堆疊放入小型容器或夾鏈袋，用鹽塗抹所有表面。蓋上後放入冷藏。

11. 讓起司稍微熟成幾天。將其每天翻面，使鹹乳清（鹽水）覆蓋每個切片。菲達起司可以於冷藏中熟成數個月，只要將它完全浸入鹽水，並且用乳清將空隙填滿，或是用保鮮膜將乳清表面覆蓋。若有空氣接觸到鹽水和/或起司，便會長出無害但不美觀的黴菌。

農莊硬質乳酪（**Farmhouse Wheel**）

在起司製作的領域，「農莊」（farmhouse）一詞沒有嚴格的定義。目的是為了喚起少量手工製作的意識，而本食譜肯定符合這個說法！我喜歡用這個食譜來介紹製作壓製乳酪（pressed cheese）的技巧。不僅因其製作方式簡單（與傳統切達起司相比），亦適合添加風味，經過短暫熟成後，風味會更好。如欲打算熟成更久，則需要閱讀自製起司的熟成方法（見「資源」章節）。本食譜需要使用溫度計、起司濾布、長刀、一個起司模具（含附件，follower）、水罐或其他重物用於壓榨，與含蓋子的大桶子。

製作一塊乳酪（約900克）

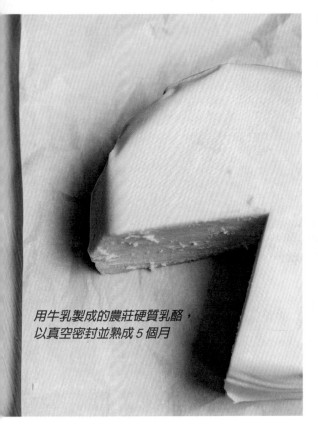

用牛乳製成的農莊硬質乳酪，
以真空密封並熟成5個月

材料

8公升全脂乳汁

¼茶匙優格或克菲爾菌粉，或¼杯新鮮優格或克菲爾

¼茶匙氯化鈣，以¼杯冷水稀釋（自由選擇；用市售的均質乳汁時建議使用）

2茶匙辣椒片、薰衣草芽，或幾滴松露油（自由選擇）

⅛茶匙雙倍或¼茶匙單倍濃度的凝乳酶，使用前以¼杯未氯化的冷水稀釋

2大匙純鹽（如海鹽或未添加防結塊劑的無碘鹽）

發酵奶油、發酵鮮奶油、優格和克菲爾起司

步驟

1. 將乳汁倒入大鍋，再將其放入更大的鍋子內。於外鍋注入足量的水以覆蓋內鍋鍋壁。以中小火將乳汁加熱至31°C-32°C。外鍋的水會比乳汁熱，因此在乳汁達到所需的溫度前便關火，或是準備將裝有乳汁的內鍋從熱水浴取出。

2. 加入菌種。若使用菌粉，將其撒在表面，靜置3-5分鐘，接著輕輕攪拌2-5分鐘。若使用新鮮優格或克菲爾，將其倒入小碗與½杯溫乳汁混合，並倒入剩餘乳汁。

3. 拌入稀釋的氯化鈣（如欲使用）。

4. 若使用優格菌種，以41°C培養1小時，偶爾攪拌；若使用克菲爾菌種，以31°C-32°C培養1小時，偶爾攪拌。通常蓋上鍋蓋並泡在水中即可。

5. 如欲添加乾燥香草，將其泡入一杯水，軟化5分鐘。過濾後將香草水倒入乳汁（香草稍後才加入）。如欲添加松露油或任何其他液體調味料，請於此步驟加入。

6. 使用勺子上下攪拌乳汁1分鐘，於乳汁上方握住勺子，將稀釋的凝乳酶透過勺子倒入乳汁。攪拌1分鐘，將勺子停放在乳汁表面各處，以穩定乳汁。

7. 蓋上鍋蓋，讓乳汁靜置。若使用優格菌種，將溫度保持在39°C-41°C；若使用克菲爾菌種，將溫度保持在31°C-32°C，至凝乳產生清楚的裂痕，約需要45分鐘。通常蓋上鍋蓋並將鍋子泡在水中即可保持溫度。若乳汁於此階段降溫，進行至步驟9以前請勿重新加熱。

8. 用長刀將凝乳縱切成條狀，接著以水平方向傾斜穿過條狀凝乳，每隔約0.8公分處切一刀，將其切成丁狀。靜置5分鐘。

9. 用30分鐘的時間緩慢加熱凝乳，過程中輕輕攪拌。若使用優格菌種，需加熱至43°C；若使用克菲爾菌種，則加熱至38°C。讓溫度在前15分鐘內以非常慢的速度增加。攪拌時若需要可將大塊凝乳切成小塊。將凝乳保持在目標溫度（優格菌種為43°C；克菲爾菌種為38°C），輕輕攪拌20分鐘。凝乳會收縮並變得略有彈性，有點像水煮蛋白。

10. 離火，讓凝乳靜置5分鐘。

11. 於濾盆內鋪上起司濾布，置於碗的上方，將凝乳緩緩倒入。保留乳清備用。將軟化的香草拌入凝乳（如欲使用）。

食譜於下頁接續

農莊硬質乳酪（Farmhouse Wheel）*續*

步驟12

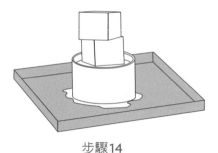

步驟14

12. 將起司模具置於托盤或滴水板（drain board）上。將凝乳連同濾布取出放入模具，用手將凝乳壓至底部，盡可能壓緊。將濾布折疊於頂部，放入模具附件，再放上約450克的重物，壓榨15分鐘。壓榨的過程最好在溫暖的室溫下（約29°C）完成。可以用大桶子將起司罩住，並蓋上毛巾保溫。

13. 移除重物和附件。從模具中取出包裹的起司，打開濾布並將起司翻面。於模具中重新調整起司濾布，再次放入起司，將兩者一同壓入模具。起司看起來應該仍然有些皺紋，且表面不是很光滑。重新放入附件與450克重物，繼續壓榨30分鐘。

14. 重複步驟13。此時，起司表面應該較光滑但仍然不夠勻稱。再放上450克的重物，總重量達900克。壓榨60分鐘。

15. 再次重複步驟13。此時，起司表面應該非常勻稱，或許會產生一點小裂縫。若無裂縫，可以將重量增加至900克。壓榨4小時。

16. 從模具中取出起司，切一小塊品嚐，味道應該是溫和且略為濃郁，帶有一絲白脫牛乳或優格的風味。若味道並非略為濃郁，多壓榨1小時後再次品嚐。如欲檢查酸鹼值，目標值應介於5.2-5.4。

17. 當達到偏好的風味以後，從模具中取出起司，打開濾布，用1大匙鹽徹底塗抹起司。將起司直接放回模具，不含濾布、重物或附件，靜置30分鐘。

18. 從模具中取出起司，抹上剩餘的
1大匙鹽。將起司裝入桶子，蓋
上蓋子，放入冷藏8-12小時。
完成這些初始步驟後，容器底
部可能會產生一些鹹乳清。若
有此情況，將乳清塗抹於起司
後翻面。

19. 將起司放入冰箱繼續熟成3天。
視需求每天將其翻面和塗抹乳
清2-3次。過程中鹽會滲入起
司，起司亦會逐漸熟成，因此
質地與風味都會產生改變。

20. 用紙巾將起司拍乾，以保鮮膜
或塑膠袋將其包緊，放入冷藏
至多可保存4週。若容器中的
空氣極少，則可以保存更久，
甚至會繼續熟成。若表面長出
黴菌，食用前將其切除，或是
用一點醋擦拭以去除黴菌。此
外，亦可將起司真空密封，放
入冰箱熟成數個月，以發展出
獨特的風味與特性。

酸與熱的化學作用

製作起司最簡單的方法之一就是利用熱和酸來凝結乳汁。新鮮乳汁中，乳蛋白因互相排斥而懸浮在液體內。它們整體帶有負電荷。若你回憶小時候（或最近）玩磁鐵的經驗，便會知道同性相斥的概念——也就是負電荷會彼此排斥。你可能也記得讀書時曾學過熱能會激發分子，使其更容易改變。當你將乳汁加熱並添加帶有正電荷的酸，便會改變乳蛋白，使其凝聚。乳汁越熱，需要的酸就越少。製作起司時通常會使用醋或稀釋的檸檬酸讓乳蛋白凝結，然而克菲爾或優格亦是不錯的酸來源。

可以使用超高溫殺菌的乳汁嗎？

許多製作起司和優格的書籍、部落格和文章指出，絕對不應該使用超高溫殺菌的乳汁。事實並非總是如此！快速複習一下：當乳汁加熱至57°C以上時，會開始產生一些對起司製造者非常重要的變化。乳汁保溫的時間越長，乳清蛋白便被改變得越多，並開始附著於起司蛋白質上，而非停留在乳汁的液體部分。若使用凝乳酶製作起司，黏稠的乳清蛋白便會妨礙凝乳酶作用，產生稀薄糊狀般的凝乳。

然而（這個然而非常重要），若使用酸來製作優格、克菲爾、瑞可塔或白乳酪等產品，就毫無影響！事實上，我們經常用高溫刻意改變乳清蛋白（或使其變性），以改善優格的質地與蛋白質含量。因此，如欲使用酸來製作發酵乳品和起司，且不含任何凝乳酶，使用超高溫殺菌的乳汁是沒有問題的。

速成的吱吱作響凝乳塊

新鮮且吱吱作響的切達凝乳塊是吃起來最有趣的起司產品。然而，傳統食譜幾乎要花上一天的時間製作。我設計了這份食譜，將時間縮短幾小時，但成品依舊很棒。我使用優格，而且喜歡成品其新鮮與獨特的風味和質地。嘗試將新鮮的原味凝乳搭配青醬或焦糖化的大蒜享用，或是當作起司肉汁薯條（poutine，加拿大北部邊界的小吃，將炸薯條配上起司凝乳，再淋上棕色肉汁），甚至是油炸凝乳（見頁172「正統牧場醬」的圖片）。好吃！本需譜需要用到溫度計、長刀和濾盆。

製作約110克

材料

4 公升全脂乳汁
1 杯新鮮優格或克菲爾
⅛ 茶匙氯化鈣，以2大匙冷水稀釋
　（自由選擇；用市售的均質乳汁
　時建議使用）

¼ 茶匙雙倍或½茶匙單倍濃度的凝
　乳酶，使用前以⅛杯未氯化的冷
　水稀釋
1 茶匙鹽

步驟

1. 將乳汁倒入大鍋，再將其放入更大的鍋子内。於外鍋注入足量的水以覆蓋內鍋鍋壁。以中小火將乳汁加熱至35˚C。

2. 將優格或克菲爾倒入小碗與1杯溫乳汁混合，並倒入剩餘乳汁。若乳汁降溫至約34˚C沒關係。拌入稀釋的氯化鈣（如欲使用）。

3. 於乳汁上方握住一支濾勺或起司勺，將稀釋的凝乳酶透過濾勺倒入乳汁（濾勺可幫助分散凝乳酶）。用濾勺上下攪拌乳汁5次，接著停放在乳汁表面各處，以穩定乳汁。

4. 蓋上鍋蓋，讓乳汁靜置。將溫度保持在34˚C-35˚C至乳汁凝結，約30-45分鐘。測試凝乳是否能產生清楚的切痕（見頁146插圖，步驟6）。注意：若乳汁於此階段降溫，進行至步驟9以前請勿重新加熱。

食譜於 155 頁接續

速成的吱吱作響凝乳塊 *續*

5. 用長刀將凝乳縱切成 0.5公分-1公分寬的條狀，接著以水平方向傾斜穿過條狀凝乳，每隔1公分處切一刀。靜置5分鐘。

6. 將溫度保持在35°C，輕輕攪拌凝乳5分鐘。接著用30分鐘的時間將凝乳緩慢加熱至43°C。

7. 於濾盆內鋪上起司濾布，置於碗的上方。將一鍋水加熱至約49°C。

8. 將凝乳倒入濾盆後把濾布捆成一團。將濾盆和濾布團放在裝有溫水的鍋子上，使凝乳的溫度保持在39°C-41°C。若需要可蓋上鍋蓋。靜置15分鐘。

9. 打開濾布，將凝乳球切成兩半。於濾盆中鋪上起司濾布，將切半的凝乳重疊放回濾盆。準備一個塑膠夾鏈袋，將其裝滿43°C的溫水，接著放在凝乳上。如此可幫助凝乳保溫並產生偏好的質地。靜置15分鐘。

10. 拿起夾鏈袋，將兩塊凝乳對調，再重新放上夾鏈袋，靜置15分鐘。重複將凝乳塊對調和加熱，至產生類似煮熟雞胸肉的質地，約需要1小時。

11. 將凝乳塊切成1-2.5公分乘以0.5-1公分的塊狀。

12. 將濾盆置於裝有熱水的鍋子上。將凝乳塊放入濾盆，撒上½茶匙鹽。攪拌後放上熱水袋，視需求再次加熱，靜置5分鐘。此步驟稱作熟成（mellowing，譯注：凝乳將鹽分吸收的過程，足以影響最終的風味和水分含量）。

13. 再次重複加鹽與熟成的步驟。完成後請立即享用，冷藏可保存至多3週，但冷藏一天後，嚼起來便不再吱吱作響。

起司製作訣竅
使用均質乳汁

新鮮與非均質的全脂乳汁是製作起司的最佳選擇，因為均質化會使乳脂重組，影響凝乳酶作用。然而，除非自己畜養乳用動物，否則很難找到價格合理的非均質（或乳脂分層）乳汁。若只能找到均質乳汁，將食譜依照下列方式調整仍可得到不錯的效果：

• 用凝乳酶製作的硬質起司，如菲達起司（頁145）、農莊硬質乳酪（頁148）和速成的吱吱作響凝乳塊（頁153），請於每4公升乳汁添加¼茶匙氯化鈣溶液（濃度為32%-33%，可向起司供應商購買）。氯化鈣不能完全解決均質化的問題，但若是使用市售擱置在架上一段時間的乳汁

（均質乳汁皆是如此），氯化鈣的確能幫助產生較堅硬的凝乳。

• 將凝乳切開後，讓它們靜置並「癒合」兩倍食譜建議的時間，接著再攪拌。

• 攪拌凝乳時要非常輕柔，起初甚至只要來回晃動鍋子即可。即便攪拌得很輕柔，凝乳也會逐漸碎成更小的塊狀。不要太過驚訝。

迷思與誤解
起司中的益生菌

聽起來很棒──只要用優格或克菲爾菌種製作起司，你瞧，這不就是益生菌起司！沒錯吧？恩，也許是這樣。無論使用添加了益生菌種的生乳或巴氏殺菌的乳汁製作起司，其中的益生菌可能無法長期存活。如前文所述，優格和克菲爾是酸性，代表放得越久，所含的益生菌就越少。然而，人們認為起司的低酸環境（酸鹼值約為5.4，優格則是4.4）能提供細菌更好的生長環境。事實上，某

些益生菌的菌株不僅可以存活在熟成的起司中，數量還會增加！

益生菌食物其有益健康的特性與行銷價值，吸引了更多研究人員探討存活的菌株與其數量多寡，讓起司製造商能夠誠實地標示其產品的健康益處。就本書而言，我們製作的起司都應該立即或於短暫熟成後享用，因此大可放心，食用時裡頭的益生菌仍然非常活躍。

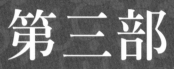

第三部
料理、飲品、輕食

沙拉沾醬與調味品

使用優格和克菲爾作為健康的涼拌沙拉和醬料之基礎已有悠久的文化傳統。從希臘黃瓜優格醬（tzatziki）到印度優格醬（raita），將發酵乳品與多種食材混合，便能製成美味的配菜和調味品。本章節的食譜可能只是你發揮創意的基礎，並以嶄新的角度體會發酵乳品的樂趣！

經典印度黃瓜優格醬

若你跟我一樣熱愛印度美食，肯定很熟悉滑順清爽的優格醬。我認為吃印度菜時，若不配上一碗這種帶有黃瓜與香料的濃郁清涼優格醬，便不算道地。

製作4杯

材料

4根中型黃瓜，切丁
2根綠色辣椒，去籽、切小丁
1-2瓣大蒜，切末或榨汁
一把薄荷葉，切碎

2杯原味優格（頁73）
4茶匙特級初榨橄欖油或印度酥油（ghee）
2-4大匙新鮮檸檬汁
鹽、現磨黑胡椒

步驟

1. 將黃瓜、辣椒、大蒜和薄荷倒入大碗混合。

2. 拌入優格、油與檸檬汁，以鹽和黑胡椒調味。

3. 蓋上蓋子，放入冰箱冷卻數小時以提升風味。食用前再次攪拌並視需求調味。優格醬可於冷藏保存約1週。

豆薯、紅甜椒
與烤孜然辣味優格醬

這份食譜帶有南方邊境風味，很適合搭配莫雷醬（mole）和烤墨西哥捲餅（enchilada）等墨西哥佳餚，也可以作為烤牛排和各種燒烤的配菜。若你未曾使用過豆薯（jicama），這是一種用途廣泛的根莖類蔬菜，口感柔嫩清脆，甜味適中。其外皮非常堅韌，要用刀子才能完全剝除。你可以用孜然粉替代孜然籽（用量約一半），但味道可能會差強人意。一旦嘗試過現烤的孜然籽，你可能再也不會想用孜然粉！

製作8杯

材料

4 杯豆薯絲（約2-3顆豆薯）

1 顆紅甜椒，切細長條狀

1-2 瓣大蒜，切末或榨汁

4 茶匙孜然籽，乾烤、稍微壓碎

1 茶匙紅椒粉（paprika）

1 茶匙紅椒片

一撮紅糖

2 杯原味優格（頁73）

2 大匙萊姆汁

4 茶匙橄欖油

少量香菜葉

鹽、現磨黑胡椒

步驟

1. 將豆薯絲和紅甜椒條倒入大碗混合。

2. 將大蒜、2茶匙孜然籽、紅椒粉、紅椒片、糖、優格、萊姆汁和橄欖油倒入中碗，混合拌勻。

3. 將優格與香料的混合物加入蔬菜中，翻動並攪拌均勻，使醬汁徹底包覆蔬菜。

4. 加入一半的香菜葉並攪拌拌勻。

5. 蓋上蓋子，放入冰箱冷卻數小時以提升風味。食用前再次攪拌，嚐試味道並用鹽和黑胡椒調味。用剩餘的香菜葉和孜然籽裝飾。剩餘的優格醬可於冷藏保存約1週。

衣索比亞茄子優格醬

各位不妨花時間尋找令人驚嘆的衣索比亞綜合香料——柏柏爾（berbere，更多異國綜合香料的資訊，詳見頁163側欄）。這種香料的配方略有不同，但通常包含香菜、肉豆蔻、紅椒粉、葫蘆巴（fenugreek）、多香果、丁香、黑胡椒和孜然，可以將其視為東非的咖哩或辣椒粉。我很喜歡將柏柏爾入菜（包含非道地的衣索比亞料理）。若自家附近找不到這種香料，網路上可以輕易取得。我是在「小小香料公司」（Teeny Tiny Spice Company）買到的。

製作5杯

材料

4大匙特級初榨橄欖油

1根大型/2根小型茄子，切成1.2公分寬圓片

2杯原味優格（頁73）

1顆中型紅蔥頭（shallot），切碎

¼杯核桃碎

1–2瓣大蒜，切碎

2–4茶匙新鮮檸檬汁

1大匙烘烤芝麻油

2茶匙柏柏爾綜合香料粉或辣椒粉

¼茶匙紅椒片

鹽、現磨黑胡椒

步驟

1. 將橄欖油注入煎鍋，以中大火加熱。放入茄子片，每面煎約4分鐘。放涼後將茄子切丁，裝入大碗。

2. 加入優格、紅蔥頭、核桃、大蒜、檸檬汁、芝麻油、柏柏爾粉和紅椒片，混合均勻。以鹽和黑胡椒調味。

3. 蓋上蓋子，放入冰箱冷卻數小時以提升風味。食用前再次攪拌並視需求調味。優格醬可於冷藏保存約1週。

適合用於發酵乳品的異國綜合香料

如欲體驗異國料理，使用綜合香料粉是最好的捷徑。無論是醬料、湯品、沾醬和沙拉，只要用對香料，皆能搖身一變。咖哩粉和辣椒粉等西方地區所熟悉的多數混合香料，都源自於更道地的區域性綜合香料，這些香料過去是由新鮮磨碎的香草與香料製成。由於許多綜合香料的發源地與將優格和克菲爾視為主食的地區相同，因此兩者通常能完美搭配。

然而，並非每家店的綜合香料都是最好的。市面上普及的咖哩粉（例如頁174食譜使用的類型），即便不是真的印度咖哩粉，味道也很棒。假使你真的想將料理帶到另一個境界，請將以下的綜合香料加入採購清單，網路上都可以找到。

柏柏爾綜合香料（BERBERE）：一種衣索比亞綜合香料，通常包括紅椒粉、黑胡椒、香菜、肉豆蔻、薑、印度藏茴香（ajwain）、多香果、辣椒、葫蘆巴、小豆蔻、丁香、鹽、洋蔥和大蒜。

印度酸甜香料（CHAAT MASALA）：一種印度、巴基斯坦和孟加拉的綜合香料，內含乾石榴（anardana）、芒果粉（amchoor）、孜然、黑胡椒、薑、鹽、卡宴辣椒粉（cayenne）、阿魏（asafetida）、百里香和胡椒薄荷（peppermint）。這種香料帶有微辣的酸甜味。

葛拉姆瑪薩拉（GARAM MASALA）：一種印度次大陸的綜合香料，內含黑胡椒、白胡椒、肉桂、肉豆蔻或肉豆蔻皮（mace）、小豆蔻、月桂葉、孜然和香菜。它比印度酸甜香料稍微甜一點。

薩塔香料（ZA'ATAR）：一種中東綜合香料，通常包含百里香、烤芝麻和鹽膚木（sumac），非常適合當作沾醬或淋在烤馬鈴薯和蔬菜上搭配優格酸奶油。

若你還沒準備好訂購這些香料，許多公司會提供香料綜合包，裡頭含有小包裝的各式綜合香料。不僅可以嚐遍舊世界的美食風味，裝香料的小罐子也非常可愛。

熱帶鹹甜優格醬

多數人認為香蕉只是甜味水果，必須等到變黃並長出褐色斑點才能吃。這份食譜使用未成熟的香蕉，其美好的質地與微甜風味可用來製作醬汁，很適合搭配棕色印度番紅花香米飯、黑豆與其他豐盛的澱粉類料理。若找不到無糖椰絲，可能得自己將完整的椰子剖開。這個步驟不容易，但為了新鮮果肉是值得的。

製作5杯

材料

3大根接近綠色的香蕉，去皮切片
½杯絲狀或切丁的無糖椰子
2杯原味優格（頁73）
1小根綠色辣椒，去籽、切小丁

1大匙棕色/黑色/黃色芥菜籽，乾烤、稍微磨碎
2–4茶匙新鮮檸檬汁
2–4茶匙特級初榨橄欖油
鹽、現磨黑胡椒

步驟

1. 將香蕉和椰肉倒入中碗混合。

2. 拌入優格、辣椒、芥菜籽、檸檬汁和油。以鹽和胡椒調味。

3. 蓋上蓋子，放入冰箱冷卻數小時以提升風味。食用前再次攪拌並視需求調味。優格醬可於冷藏保存約1週。

希臘黃瓜優格醬

多數的美國人透過希臘三明治（gyro sandwich）而認識這款經典的希臘食物。自製希臘黃瓜優格醬很適合搭配烤牛肉三明治、感恩節後的火雞肉三明治、波特菇漢堡（portobello burger），當然還有羊肉和牛肉希臘三明治！我參照母親於1950年出版的食譜書《希臘人超會做菜！》（*Can the Greeks Cook!*）設計出自己的第一份希臘食譜。這本書至今仍是很棒的參考讀物，可以在網路上找到二手的版本。

製作3杯

材料

2 杯水切原味優格（頁73）、原味克菲爾（頁97或頁100），或優格/克菲爾酸奶油（頁139）
1 根中型黃瓜，去皮、去籽、切碎
1 瓣大蒜，切碎

2 茶匙特級初榨橄欖油
2 茶匙蘋果醋或新鮮檸檬汁
½ 茶匙鹽

步驟

將優格、黃瓜、大蒜、橄欖油、蘋果醋和鹽倒入中碗，攪拌均勻。蓋上蓋子，放入冷藏可保存約1週。

中東茄子芝麻醬

中東茄子醬（baba ghanoush）是由居住在華盛頓特區愛好美食的鄰居介紹給我的。我很愛吃鷹嘴豆泥，但源自黎巴嫩和敘利亞的中東茄子醬口味更加滑順濃郁。加入一些水切優格或克菲爾可以帶來另一層豐富的味道。

中東茄子醬並非「輕食」，淋上或繞圈拌入橄欖油都能使其更加美味誘人。可以根據個人喜好調整調味。

製作4–5杯

材料

2-3 根中型茄子（總重675–900克）

⅛–¼杯特級初榨橄欖油，另備鍋子上油用

1 杯水切原味優格（頁73）或水切原味克菲爾（頁97、頁100）

½ 杯中東芝麻醬（tahini）

2大匙新鮮檸檬汁

2瓣大蒜，切末或榨汁

¼茶匙煙燻或原味紅椒粉

1茶匙薩塔香料（自由選擇）

2大匙新鮮香菜或香芹，切碎

步驟

1. 烤箱預熱至180˚C。將烤盤抹油，或鋪上烘焙紙再抹油，以便清洗。

2. 將茄子縱向對切，切面朝下放入抹油的烤盤。烘烤1小時，或至茄子烤乾。將其從烤箱取出，冷卻。

3. 刮下茄子肉，放入食物調理機攪打至光滑。依喜好加入⅛-¼杯橄欖油，再倒入優格、芝麻醬、檸檬汁和大蒜，再次攪打成泥狀。

4. 食用前撒上紅椒粉和薩塔香料（如欲使用），放上切碎香菜。這款中東茄子醬可於冷藏保存約1週。

法式洋蔥「湯」沾醬

當然你可以從炒新鮮洋蔥和紅蔥頭開始製作洋蔥沾醬（onion dip），但風味永遠不及用罪惡的法式洋蔥濃湯粉製成的版本。我承認自己非常喜愛那種不太自然的風味沾醬，看到合適的香料粉和乾燥香料都會買來拌入酸奶油──通常甚至無法等待風味融合。當你想吃的時候，就是想吃！這份沾醬風味平衡，介於新鮮洋蔥沾醬與含有味精的加工版本。食譜中利用味噌的甘甜創造出熟悉的鹹味，亦可用醬油、溜醬油（tamari sauce）、甚至是高湯塊來替代。這份食譜非常彈性──只要有乾洋蔥碎與其他少許香料，便可以製成讓眾人滿意的洋蔥沾醬。

製作2杯

材料

2 杯優格酸奶油（頁139）或法式克
  菲爾鮮奶油（頁136）
2 大匙乾洋蔥碎
2 茶匙黃味噌醬

1 茶匙洋蔥或大蒜粉
1 茶匙乾燥香芹或1大匙切碎新鮮香芹
¼ 茶匙鹽
¼ 茶匙現磨黑胡椒粉

步驟

1. 將酸奶油、乾洋蔥、味噌、洋蔥粉、香芹、鹽和黑胡椒粉倒入大碗，攪拌均勻。

2. 蓋上蓋子，放入冰箱冷卻1-2小時，使風味融合並軟化乾燥的香料。這款沾醬可於冷藏保存1-2週。

巴基斯坦葫蘆瓜優格醬

葫蘆瓜（bottle gourd，又名calabash）通常在鮮嫩時期就會被採收，當作新鮮的綠色瓜類用來烹飪中東料理。這份食譜來自於我製作優格時結識的巴基斯坦好友——木哈塔巴·薩夫達（Mujtaba Safdar，詳見頁169的介紹）其妻子。網路上可以找到較簡單的西式做法，但成品絕對不如這份沾醬複雜細緻。食譜會用到印度酸甜香料（一種美好的巴基斯坦綜合香料）與一些新鮮或乾燥的咖哩葉（和咖哩粉不同），許多亞洲市場或網路上都可以找到這些食材。若找不到年輕的葫蘆瓜，可改用佛手瓜（chayote squash）。若找不到咖哩葉就省略，因為沒有其他好的替代品。

製作2杯

材料

1杯蒸熟搗碎的葫蘆瓜

1杯水切原味優格（頁73）

4瓣大蒜，切碎

1茶匙印度酸甜香料

鹽、現磨黑胡椒

2大匙特級初榨橄欖油

1根新鮮綠色辣椒，切碎

2片咖哩葉（curry leaves，又名sweet neem）

1茶匙孜然籽

步驟

1. 將葫蘆瓜和優格倒入中碗。加入一瓣切碎大蒜與印度酸甜香料攪拌均勻。以鹽和胡椒調味。

2. 於鍋中注入橄欖油，以中火加熱。加入辣椒與剩餘的三瓣大蒜，拌炒2分鐘。拌入咖哩葉和孜然籽，再稍微炒10秒鐘。將橄欖油混合物淋在沾醬上方即可享用。

歐本乳製品廠（Orban Creamery）
巴基斯坦，拉瓦平第（RAWALPINDI）

木哈塔巴‧薩夫達生長於優格的發源地，當地人將優格稱作dahi，並將其發展成今日的模樣。木哈塔巴兒時住在巴基斯坦伊斯蘭堡（Islamabad）附近的拉瓦平第，培養出對動物與優格製作的熱情。他的父親將家中的水牛飼養在住家附近的農場，並把濃郁的乳汁帶回家，製成新鮮的傳統優格。木哈塔巴說道：「基於對優格和起司的熱愛，當我第一次去美國品嚐到不同種類的優格時，便加深了我對創立乳品事業的念頭。約十年後，我離開了美國，便考慮回到巴基斯坦創業。」

儘管優格在巴基斯坦的歷史長達數千年之久，木哈塔巴在曾經品嚐過的美國優格中，獲得風味與質地的啓發（特別是水切或希臘優格）。他秉持著將這種優格介紹給巴基斯坦消費者的念頭，著手展開業務。然而，正如他所言：「光靠熱情還不夠，還要具備堅持和耐心，手藝才能益臻完善。」

當時創業最困難的部分是尋找優質的乳汁，現在仍然如此。公司剛成立時，木哈塔巴花了兩年才找到合適的乳汁，如今仍在尋找足夠的優質乳汁，並同時提升自己的手藝。他說：「我國的市場變化迅速。」儘管鼓吹有機食品的風潮席捲了乳品製造業，有機乳汁的需求大增也因此提高了成本。木哈塔巴將一半的稀薄優格用於製作水切優格，導致產品底價超出了多數客戶所能接受的範圍。

儘管巴基斯坦仍是全球主要的水牛乳生產國之一，產量僅次於印度，然而，生產成本的增加代表著水牛乳製品也更普遍。牛乳的價格較低，卻仍然算是貴的，但確實提供木哈塔巴製作全脂鮮乳優格（cream-top yogurt 當地的獨特產品）的機會。其產品的另一項特色便是添加了益生菌菌株，而且未添加任何糖分。木哈塔巴表示，他的競爭對手都沒有人這樣做。他打算開發其他口味，包含用傳統巴基斯坦沾醬（如葫蘆瓜沾醬，頁168）調味的優格。

這間公司與其他小型生產者一樣，面臨許多挑戰。可以透過臉書和Instagram關注木哈塔巴的動向和歐本乳製品廠（「orban」意謂著「城市的」）。

希臘女神沙拉醬

這款經典的綠色女神醬非常適合搭配優格。原始的配方包含多種綠色香草、酸奶油和鯷魚（anchovy）。這個食譜用水切優格代替酸奶油，加入味噌和營養酵母取代鯷魚，製作成素食版本，但仍然可以自由使用鯷魚。如欲製成沾醬，將優格過濾更久或使用優格白乳酪（頁131）。

製作約1杯

材料

½杯水切原味優格（頁73）或原味克菲爾（頁97、頁100），將其瀝乾至原始體積的50%-75%

¼杯美乃滋

⅛杯特級初榨橄欖油

1杯散裝香芹葉

¼杯新鮮龍蒿或1大匙乾燥龍蒿

3大匙新鮮細香蔥（chive，切碎）

1茶匙紅/黃味噌醬

1大匙營養酵母

1大匙新鮮檸檬汁

鹽、現磨黑胡椒

步驟

將所有食材倒入食物調理機/果汁機/攪拌機混合，以鹽和黑胡椒調味，攪打至光滑泥狀。若質地太濃稠，添加檸檬汁和橄欖油稀釋。成品可立即食用，但冷藏數小時後風味更佳。這款沾醬可於冷藏保存1-2週。

正統牧場醬

這款醬料可當作沾醬搭配薯條、披薩、炸雞和其他諸多菜餚（例如右圖所示，裹上麵糊的鍋煎「速成的吱吱作響凝乳塊」，頁153）。牧場醬在美國隨處可見，我不清楚其中的原因，但這顯示了發酵乳品（白脫牛乳）與香草和香料混合後的風味備受青睞。此處，我用優格或克菲爾代替白脫牛乳。許多食譜會用乾燥香料，但我喜歡新鮮香料的味道，請自由選用，兩種方法都能帶來罐裝牧場醬的經典風味。

製作2杯

材料

½ 杯美乃滋

½ 杯優格酸奶油（頁139）

½ 杯原味優格（頁73）或原味克菲爾（頁97、頁100）

1 大匙新鮮檸檬汁

1 瓣切碎大蒜或¼茶匙蒜粉

2 大匙切碎洋蔥或1茶匙洋蔥粉

1 大匙切碎新鮮細香蔥或1茶匙乾燥細香蔥

1 大匙切碎新鮮蒔蘿或1茶匙乾燥蒔蘿

1 大匙切碎新鮮香芹或1茶匙乾燥香芹

½ 茶匙芥末粉

鹽、現磨黑胡椒

步驟

將所有食材倒入食物調理機/果汁機/攪拌機混合，以鹽和黑胡椒調味，攪打至光滑泥狀。若質地太濃稠，添加檸檬汁稀釋。成品可立即食用，但冷藏數小時後風味更佳。這款沾醬可於冷藏保存1-2週。

咖哩沾醬

當多數的美國人提到「咖哩」這個詞，指的是與印度料理有關的綜合香料。西方人對於咖哩的認知和許多民族性料理一樣，然而咖哩粉絕非源自印度，而是英國人受到印度料理的啟發而發明。無論咖哩出自何處，它絕對是美味的醬料！如欲製作較溫和的版本，請省略卡宴辣椒粉。我發現咖哩綜合香料能帶出食物的甘甜，因此我喜歡加點辣椒粉。

製作2杯

材料

2 杯優格酸奶油（頁139）或法式克菲爾鮮奶油（頁136）

1 瓣大蒜（切末或榨汁），或 ¼ 茶匙蒜粉

2 茶匙咖哩粉

2 茶匙新鮮檸檬汁

½ 茶匙香菜粉

½ 茶匙鹽

½ 茶匙薑黃粉

¼ 茶匙卡宴辣椒粉

¼ 杯切碎香菜，裝飾用

步驟

將酸奶油、大蒜、咖哩粉、檸檬汁、香菜、鹽、薑黃和卡宴辣椒粉倒入中碗混合均勻。品嚐味道，以鹽或卡宴辣椒粉（如欲使用）調味。食用前撒上香菜。這款沾醬先做好可於冷藏保存1週。

香濃蒜味巴薩米克醋沙拉醬

我最喜歡的沙拉醬始終是簡單的橄欖油和醋。在我成長的過程從未聽過巴薩米克醋（balsamic vinegar），所幸現在很容易買到，儘管品質不一定是最好的。這份食譜用優格取代少量橄欖油，帶來截然不同的結果。你可以添加營養酵母（我最喜歡的沙拉食材之一）來提升濃稠度、鮮味和營養成分。

製作1杯

材料

½杯特級初榨橄欖油

¼杯巴薩米克醋或視風味而定

¼杯原味優格（頁73），用水切優格
　　質地會較濃稠；用未過濾的優格
　　質地會較稀薄

1瓣大蒜，切末或榨汁

¼茶匙現磨黑胡椒

1大匙營養酵母（自由選擇）

步驟

將橄欖油、巴薩米克醋、優格、大蒜、黑胡椒和營養酵母（如欲使用）倒入中碗混合均勻。可新鮮或冷卻食用。這款沙拉醬可於冷藏保存1-2週。

冷製濃湯

一團優格或幾滴克菲爾可以讓幾乎任何種類的湯更美味。本章節的食譜將發酵乳品從配角變成受人矚目的主角,並且同時保持其益生菌的活力。克菲爾通常比優格帶來更多酸味,可以加入醋或檸檬汁來調整酸度。若使用水切優格,可能需要添加肉湯、乳清或水等液體,稀釋成湯的質地。這些食譜請選擇無糖的原味發酵乳品,對此我想應該無需贅言。

波蘭炭烤甜菜冷湯

多數波蘭甜菜冷湯（chlodnik）的食譜使用發酵或煮過的深色甜菜（beet），搭配甜菜葉（beet green），以創造出紅寶石色的湯品。本食譜使用源自義大利、風味溫和的基奧賈甜菜（Chioggia beet）。我將甜菜烘烤後切丁，而非煮熟，成品比傳統的版本更溫和香甜。不妨兩種做法都試試看！

製作7–8杯

材料

3-4 顆基奧賈甜菜，烘烤、去皮、略切
2 公升原味克菲爾（頁97、頁100）
1 大根黃瓜，去皮、去籽、切碎
1 把櫻桃蘿蔔，切薄片
¼ 杯新鮮檸檬汁或視風味而定
2 大匙切碎新鮮蒔蘿，另備裝飾用

鹽、現磨黑胡椒
1顆水雞蛋，切四塊或片狀（自由選擇）
香腸片，如波蘭煙燻香腸（kielbasa，自由選擇）
辣醬（自由選擇）

步驟

1. 將甜菜放入食物調理機，攪打至光滑。緩慢加入1公升克菲爾，繼續攪打均勻。將甜菜泥倒入大碗，加入剩餘的1公升克菲爾，攪拌均勻。

2. 拌入黃瓜和櫻桃蘿蔔。視喜好加入檸檬汁調整至偏好的酸度。

3. 加入蒔蘿，以鹽和胡椒調味。冷卻至少3小時，最多可至隔夜。搭配新鮮蒔蘿、蛋、香腸與辣醬享用。這款湯品可於冷藏保存約1週。

巧達玉米冷湯

巧達濃湯不必侷限於冬天才能享用。在炎熱的夏日或晚秋的熱浪中，這款冰涼的巧達濃湯既美味又飽足。我將這份食譜設計成素食，但若喜歡可以自由添加蛤蜊。我在研發這份食譜時，試過味道的人都同意馬鈴薯切丁不合適，但打成泥狀可增添香濃厚實的質地。

製作5–8杯

材料

2顆中型馬鈴薯，切丁（帶皮，先擦洗乾淨）
¼杯乾香菇（shiitake mushroom）
4大匙特級初榨橄欖油
1茶匙烤芝麻油
1杯切片新鮮白色/褐色蘑菇
2根芹菜，略切
½顆甜洋蔥，切碎
¼茶匙新鮮或乾燥百里香葉

½杯牛奶、白葡萄酒、肉湯或自選高湯，視需求另備更多
2根新鮮玉米切成的玉米粒（見註釋）
1大匙新鮮檸檬汁
1茶匙溜醬油或醬油
2杯原味優格（頁73）
鹽、現磨黑胡椒

步驟

1. 將馬鈴薯放入湯鍋，加水覆蓋。以中大火加熱，煮至馬鈴薯軟化但不散開，約5-8分鐘，視馬鈴薯的種類而異。濾乾，將1杯汁液保留。將馬鈴薯放入食物調理機或用手搗成泥狀置於一旁冷卻。

2. 將香菇放入中碗，倒入保留的熱馬鈴薯汁液。用小碗壓住香菇，使其完全浸泡在水中。待香菇吸飽水分，約10-30分鐘。

3. 將橄欖油和芝麻油注入煎鍋，以中火加熱。加入蘑菇、芹菜、洋蔥和百里香，翻炒5-8分鐘，至軟化但未糊掉。將蔬菜倒入大碗。

4. 將煎鍋放回爐火上，倒入葡萄酒進行收汁（deglaze）。將葡萄酒和從煎鍋刮下的精華淋在炒蔬菜上。

5. 將泡香菇的水倒入蔬菜中。把香菇切碎後拌入蔬菜混合物。

6. 加入玉米粒、檸檬汁、溜醬油和冷卻的馬鈴薯泥，接著拌入優格。加入牛奶稀釋至偏好的濃稠度，以鹽和黑胡椒調味。食用前，冷藏至少3小時。這款濃湯可於冷藏保存約1週。

註釋 若可以在盛夏用當天現採的新鮮玉米製作這款濃湯，直接生食就很美味！否則，將帶皮玉米放入微波爐加熱或用熱水烹煮。不要煮過頭，通常幾分鐘就夠了。

波斯黃瓜優格冷湯

經典的波斯黃瓜優格湯（*ab doogh khiar*）使用了其他優格湯品亦會用到的經典食材，包含黃瓜和蒔蘿。有些食譜還會加入龍蒿和香薄荷（savory）等其他香草。葡萄乾與核桃增添了甜味和酥脆感，最後再混入一點乾麵包。我在這份食譜中添加了其他香料、香草和椰奶。成品略帶異國風情非常美味，很適合搭配印度和波斯料理。

製作 7–8 杯

材料

- 4 根中型黃瓜，去皮、略切
- 2 顆紅蔥頭，略切
- 1–2 瓣大蒜，切碎
- ¼ 杯特級初榨橄欖油
- 4 杯原味優格（頁73）
- 1 罐（450毫升）椰奶
- ¼ 杯新鮮檸檬汁
- ½ 杯金色葡萄乾
- ¼ 杯切碎新鮮香菜
- 1 塊（2.5公分）生薑，磨碎
- 2 大匙切碎新鮮薄荷
- 1 茶匙羅望子醬（tamarind paste）
- ¼ 茶匙香菜粉
- 鹽、現磨黑胡椒
- ½ 杯切碎核桃
- 玫瑰花瓣，裝飾用

步驟

1. 將黃瓜、紅蔥頭和大蒜放入食物調理機攪打成泥狀。緩慢加入橄欖油，攪打至光滑。倒入調理盆。

2. 加入優格、椰奶和檸檬汁，攪拌均勻。

3. 加入葡萄乾、香菜、生薑、薄荷、羅望子醬和香菜粉，攪拌均勻。以鹽和胡椒調味。冷藏至少 4 小時，最多可至隔夜。食用前，於每碗湯灑上核桃碎，並以玫瑰花瓣裝飾。這款湯品可於冷藏保存約 1 週。

西班牙白冷湯（Gazpacho Blanco）

第一次品嚐這道令人驚豔的西班牙經典料理約莫是二十多年前，於一間位在華盛頓特區的餐廳——Jaleo，裡頭提供很棒的西班牙小菜（tapas）。我們當時正要去歷史悠久的福爾杰劇院（Folger Theatre）觀賞莎士比亞的戲劇。我不記得看了什麼戲，卻從未忘記這道湯品！我找到了食譜，自此便一直製作這款湯。

麵包是多數傳統西班牙冷湯的主要成分，但我發現優格能輕易地營造類似的質地與口感。所有我嚐過的西班牙冷湯中，這款最獨特且最令人驚艷與滿意。其豐富度足以當作晚餐聚會的主菜，清爽宜人的風味亦能夠於任何餐前飲用一小杯作為開胃小點。我甚至在感恩節端出這款湯品，獲得眾人好評。

製作5–7杯

材料

⅛杯杏仁條（slivered almond）
2瓣大蒜
1茶匙鹽
½顆青瓜，如白蘭瓜（honeydew，蜜瓜），切丁
6大匙特級初榨橄欖油

1大匙雪利酒醋（sherry vinegar）
2大匙蘋果酒醋（apple cider vinegar）
2杯原味優格（頁73）
1杯冰塊水
綠色無籽葡萄或蜜瓜球（melon ball），裝飾用

步驟

1. 將杏仁條、大蒜和鹽放入食物調理機/果汁機，攪打成細末，約1分鐘。

2. 加入青瓜、橄欖油、雪利酒醋、蘋果酒醋和優格，攪打至香濃滑順，約2分鐘。

3. 將量杯裝滿冰塊，加水注滿。將冰水加入西班牙冷湯，攪打約1分鐘，至冰塊溶解或呈碎狀。冰冷時享用。食用前，每碗湯加入6-8顆葡萄。若葡萄很大顆，將其對切。這款西班牙冷湯可於冷藏保存約1週。

西班牙粉紅冷湯（**Gazpacho Rosado**）

我根據經典的西班牙番茄冷湯設計了這份食譜。多虧了優格讓原先的鮮紅色轉變成粉紅色——西班牙文為 *rosado*。西班牙粉紅冷湯不僅富含益生菌，還有大量的茄紅素（lycopene，一種強力抗氧化劑）。湯裡頭的橄欖油可以幫助人體吸收脂溶性茄紅素，並且使口感更加滑順和平衡酸度。盛夏來臨時，這款美味的湯品可以當作主菜、可飲用的沙拉，或是重口味菜餚間用於清洗味蕾的食物。請務必準備一瓶雪利酒醋，來點道地的西班牙風味是很值得的。這份食譜最好在盛夏時製作，因為所有的蔬菜都很新鮮。若在非當季製做這道湯，可用罐裝番茄替代。

製作6–8杯

材料

900 克新鮮番茄

1 小顆甜黃洋蔥（例如維達利亞〔Vidalia〕或瓦拉瓦拉〔Walla Walla〕），一半略切、一半切碎

1 大根黃瓜，去皮，一半切片、一半切碎

1 根辣椒（例如墨西哥辣椒〔jala-peño〕），去籽，一半略切、一半切碎（自由選擇）

2 顆黃色甜椒，1顆略切、1顆切碎

1 瓣大蒜

4 片新鮮羅勒葉，2片保持完整、2片切細絲

2 杯原味優格（頁73）

¼杯特級初榨橄欖油

2 大匙雪利酒醋（或少量紅酒醋/巴薩米克醋）

鹽、現磨黑胡椒

步驟

1. 將番茄去籽。若番茄很小或皮很厚，用沸水稍微燙過再去皮。放入食物調理機或用均質機（immersion blender）攪打至光滑。

2. 將略切的洋蔥加入番茄混合物；切碎的洋蔥則放入另一個中碗。

3. 將切片的黃瓜加入番茄混合物；切碎的黃瓜則加入裝有洋蔥的碗。

4. 將略切的辣椒和甜椒加入番茄混合物；切碎的辣椒和甜椒則加入洋蔥混合物。

5. 將大蒜加入番茄混合物。

6. 將完整的羅勒葉加入番茄混合物；切細絲的羅勒葉置於一旁。

7. 將番茄混合物攪打至光滑。加入優格、橄欖油和醋，攪打至充分混合。以鹽和黑胡椒調味。

8. 拌入大部分切碎的蔬菜，它們會帶來美好的質地。食用前，撒上剩餘的切碎蔬菜和切細絲的羅勒葉。你還可以多加一點橄欖油，並在碗的中央放上一些優格（撒上切碎的蔬菜以前），以提升效果。這款西班牙冷湯可於冷藏保存約1週。

羅宋湯和類似湯品

在東歐和俄羅斯，俄羅斯羅宋湯（borscht）和波蘭甜菜冷湯（頁177）等濃郁的發酵湯品不僅是當地傳統，還廣受歡迎。湯底的製作方式通常是用甜菜葉、甜菜根、黃瓜或其他蔬菜進行天然乳酸發酵（lactofermentation），接著將其與多種切碎香草、新鮮蔬菜和肉湯混合。多數的湯品還會搭配香腸和切碎的水煮蛋，做成營養均衡的美味餐點。傳統的羅宋湯是溫熱的，然而到了夏季，冷的羅宋湯在許多波羅的海與東歐國家（包括立陶宛和烏克蘭）也很受歡迎。冷的羅宋湯通常會加入發酵乳品，可當作湯底或是配料。

與多數傳統料理一樣，一旦掌握了基本做法，食材的選擇便可以依照個人味蕾和冰箱與菜園現有的資源來決定。只要追求酸甜平衡（由優格、克菲爾、檸檬汁、新鮮蔬菜提供，或許甚至少量的糖）、質地和風味（由切碎蔬菜和香草提供）以及蛋白質含量（來自蛋和/或香腸），既簡單又美味！

俄羅斯紅心蘿蔔
與馬鈴薯啤酒冷湯

俄羅斯冷湯（okroshka）是俄羅斯和烏克蘭的經典湯品，傳統以濃郁發酵的格瓦斯（kvass，編按：由黑麥麵包發酵製成的低酒精氣泡飲料）作為湯底。這份食譜則改用具有酸性特質的優格與德國拉格啤酒（lager beer）。如欲製作無酒精的版本，可用氣泡水代替啤酒。從材料便可看出，俄羅斯冷湯與波蘭甜菜冷湯（頁177）極為相似。

製作7–8杯

材料

- 4 杯原味優格（頁73）
- 1 杯切碎薄荷，另備幾片薄荷葉裝飾
- 1 杯切細碎香芹
- ¼ 杯蘋果酒醋
- 1-2 大匙新鮮磨碎/備用的辣根（horseradish）
- 2 根小黃瓜（English cucumber），去皮、去籽，一根切碎、一根切薄片
- 1 把紅心蘿蔔（watermelon radish，或普通蘿蔔和紅心蘿蔔混合），一半切碎、一半切片
- 鹽、現磨黑胡椒
- 2 杯煮熟小馬鈴薯，切丁
- 1-2 瓶（360毫升）拉格啤酒/其他艾爾啤酒（Ale），或1½-3杯氣泡水
- 切絲或切塊的火腿，以製作更傳統和豐盛的餐點（自由選擇）

步驟

1. 將優格倒入大碗，加入薄荷、香芹、蘋果酒醋和辣根，攪拌混合。

2. 加入小黃瓜和蘿蔔，以鹽和胡椒調味，拌入馬鈴薯。冷藏至少4小時，最多可至隔夜。

3. 食用前先拌入啤酒。若喜歡可用薄荷葉與火腿裝飾。這款湯品可於冷藏保存約1週。

飲料與調酒

優格和克菲爾是用來暢飲的！它們風味濃郁且
質地滑順，適合用來調製各種飲料。本章節
將介紹經典的印度拉西（lassis）、非常美式
的果昔（smoothie）與一些令人難忘的雞尾酒
（cocktail）。希望你能從中獲得靈感，發現用
現有的材料調製令人滿足的飲品是多麼容易。

莓果生薑乳清飲

製作希臘優格（頁56）時，必定會殘留許多乳清，此處提供了利用的方式。乳清中的乳糖讓這款飲品的口感變得比多數水果飲料更爽口。如欲製作更多但沒有足夠的乳清，可以添加鳳梨汁或優格。

製作5杯

材料

2杯優格乳清
1杯新鮮莓果
1杯鳳梨汁
1大匙新鮮薑末

1杯氣泡蘋果汁或蘇打水（調整甜度用）
簡易糖漿（頁213）、蜂蜜糖漿（等量熱水和蜂蜜）或糖（自由選擇）

步驟

1. 將乳清和莓果倒入中碗混合，把莓果搗碎。

2. 加入鳳梨汁和薑末混合，拌入氣泡蘋果汁和甜味劑（如欲使用）。放入冰箱冷卻後再飲用。

印度拉西

拉西（Lassi，發音為luu-see）是一種印度飲料，由稍微調味的優格加水稀釋製成。可以是鹹的或甜的，其風味主要取決於優格的品質。不同於美式果昔，拉西必須是清涼爽口。

你可以在印度市場、一些亞洲市場或網路上買到玫瑰水。它是值得的投資，用於冷凍優格、義式奶酪（panna cotta）或甜點等食譜也都很美味。有關真正「特別的」拉西，請見頁190的方框文字。

製作2杯

簡易鹹拉西

1½杯原味優格（頁73）
½ 杯冷水（或冰塊水）
¼ 茶匙鹽

拉西

1½杯原味優格（頁73）
½ 杯冷水（或冰塊水）
⅛ –¼茶匙現烤孜然籽，稍微碾碎
鹽（印度黑鹽〔kala namak〕尤佳）
黑胡椒（自由選擇）
1-2 茶匙切碎薄荷或香菜

經典芒果拉西

1½ 杯原味優格（頁73）
½ 杯冷水（或冰塊水）
½–1杯切塊成熟芒果
2大匙糖或蜂蜜（若芒果很甜可省略）

玫瑰水小豆蔻拉西

1½ 杯原味優格（頁73）
½ 杯冷水（或冰塊水）
⅛杯糖
2 茶匙玫瑰水
½ 茶匙小豆蔻粉
一撮乾燥或新鮮玫瑰花瓣（自由選擇）

步驟

將所有食材倒入果汁機充分攪拌。搭配冰塊或直接倒入冰鎮的玻璃杯享用。若偏好含酒精版本，所有的食譜都可以添加1-2小杯伏特加變成雞尾酒（不包含「迷幻拉西」，頁190的方框文字）。

波斯鹹優格

波斯鹹優格（doogh/abdoogh）如同一種簡單的享受。調製這種清新的飲品，只要將優格用冷水或汽水稀釋，以薄荷稍微調味即可。波斯鹹優格與印度拉西極為相似，差別在於前者使用了薄荷。

製作3杯

材料

2 杯原味優格（頁73）
⅛ 茶匙鹽

1 茶匙乾燥壓碎薄荷葉或4片新鮮薄荷葉，另備薄荷枝裝飾用
½–1杯冰水，氣泡水/普通水

步驟

1. 將優格、鹽和薄荷倒入中碗混合。若使用新鮮薄荷葉，先將其壓碎、搓揉和/或切碎。

2. 拌入適量冷水，將混合物稀釋至偏好的濃稠度。倒入冰鎮的高腳玻璃杯，搭配冰塊享用。放上薄荷枝裝飾。

大麻奶昔？

沒錯！迷幻（大麻）拉西（bhang lassi）是印度的代表性飲料。可想而知，這種飲料受到不少前往印度觀光的遊客喜愛，可以在政府核准的迷幻拉西店購買。迷幻拉西長期被用於印度教的儀式與宗教慶典（如同美國原住民使用煙草）。調製這款飲料時，將一小球大麻糊（少量可製作清淡的版本；用量多一點則可體驗當地口味或瘋狂一下）與優格、鹽、水和其他香料（如欲使用）混合。若你剛好人在印度（或在美國合法使用大麻的州），可以淺嘗一些，並花點時間進行沉思和冥想——別在騎大象以前喝！

菲比的綠果昔

我的大女兒菲比（Phoebe）熱愛果昔。她已經用壞了好幾台子彈型果汁機（bullet-style blender），現在改用新的維他美仕（Vitamix）調理機。這款優格果昔由菲比設計，營養美味且富含纖維。如欲調整配方，她建議用70%的蔬菜搭配30%的水果。沒有額外添加甜味劑，單純以水果的天然糖分來增加甜度。若太濃稠無法用吸管飲用，可以加入優格乳清或牛奶稀釋！

製作4–6杯

材料

2把蔬菜，如羽衣甘藍（kale）、菠菜和/或萵苣
1-2根香蕉
1-2顆檸檬
1顆蘋果或梨子
少量香芹

½ 杯原味優格（頁73）或原味克菲爾（頁97、頁100）
¼ 杯奇亞籽，隔夜浸泡後瀝乾（自由選擇）
1 大匙蜜蜂花粉（bee pollen，自由選擇）

步驟

將蔬菜、香蕉、檸檬、蘋果、香芹、優格、奇亞籽和蜜蜂花粉（如欲使用）倒入食物調理機/果汁機，攪打至光滑。若調理機太小，可能需要將蔬菜、香芹和蘋果先切碎。可加入冰塊冷卻。剩餘的果昔放入冷凍可保存數週，於日後享用。

美味莓果果昔

這款果昔絕對比綠果昔（頁191）更好喝，且富含抗氧化劑，當作炎夏午後的點心真是再好不過。

製作3–4杯

材料

1 杯新鮮／冷凍莓果（任何種類）

1 杯原味優格（頁73）

1 湯匙蜂蜜、楓糖漿、龍舌蘭蜜（agave nectar）或其他甜味劑

1 茶匙磨碎柳橙皮

¼ 茶匙香草精（vanilla extract）

4-5 顆椰棗（自由選擇）

1 根香蕉（自由選擇）

1 大匙滾壓燕麥片（自由選擇）

1 茶匙蜜蜂花粉（自由選擇）

¼ 茶匙肉桂粉或肉豆蔻粉（自由選擇）

步驟

將莓果、優格、蜂蜜、柳橙皮、香草精、椰棗、香蕉、燕麥片、蜜蜂花粉和肉桂粉（如欲使用）倒入食物調理機／果汁機，攪打至光滑。可加入冰塊冷卻。將剩餘的果昔放入冷凍可保存數週，並幫助保存抗氧化劑。

提神的檸檬甜酒

幾年前，我們有幸造訪義大利的羅馬。在當地隨處可見檸檬甜酒被醒目地展示在外，高挑誘人的瓶身彷彿鼓勵著遊客帶一瓶回家品嚐。當然我們買了一瓶，然而回家後卻不知道如何處理！設計這份食譜是希望能把這瓶紀念的酒用完（到目前為止都還有用）。使用冰鎮的馬丁尼杯（martini glass）飲用是最美的方式。

製作1份

材料

2 片薄荷葉
30 毫升白蘭姆酒（white rum）
1 大匙原味克菲爾（頁97、頁100）或原味優格（頁73）
1 大匙檸檬甜酒

¼ 茶匙磨碎檸檬皮
粗糖，酒杯邊緣用
1 片檸檬角，酒杯邊緣用
扭轉的檸檬皮，裝飾用

步驟

1. 將1片薄荷葉放入雪克杯（cocktail shaker）底部搗碎。加入白蘭姆酒、克菲爾、檸檬甜酒和碎檸檬皮。裝滿冰塊後充分搖勻。

2. 將粗糖撒在盤子上。用檸檬角在馬丁尼杯的邊緣繞圈使其潤濕，將杯緣沾上粗糖包覆。倒入雪克杯內的飲品（依喜好添加冰塊）。用一片扭轉的檸檬皮和剩餘的薄荷葉裝飾。可以將搗碎的薄荷葉濾掉或保留。

眾神之飲（Napitok Bogov）

這款飲品無論是外觀還是風味都令人嘆為觀止。它出自於榮獲詹姆士‧比爾德獎（James Beard Award）的主廚（兼好友）——維塔利‧佩利（Vitaly Paley），其在奧勒岡州的波特蘭擁有一間餐館，名為「佩利的小酒館」（Paley's Place Bistro and Bar）。佩利來自烏克蘭，他說這款飲品的名稱意味著「眾神之酒」。小酒館的調酒師喬恩‧勞森（Jon Lawson）得知克菲爾和蜂蜜數千年來都被稱作眾神的食物，便取了這個名字。

製作1份

材料

50毫升龐貝藍鑽琴酒（Bombay Sapphire gin）

30毫升原味優格（頁73）或原味克菲爾（頁97、頁100）

15毫升蜂蜜糖漿（等量熱水和蜂蜜）

15毫升新鮮檸檬汁

15毫升新鮮萊姆汁

7毫升黑醋栗香甜酒（cassis liquor）或黑醋栗利口酒（crème de cassis）

1顆蛋白

少量苦精（bitters）（自由選擇）

蜂巢，裝飾用（自由選擇）

步驟

將琴酒、優格、蜂蜜糖漿、檸檬汁、萊姆汁、黑醋栗酒、蛋白和苦精（如欲使用）倒入雪克杯充分搖勻。將冰塊裝入杯子後倒入琴酒混合液。若喜歡可放上一片蜂巢裝飾。

優格琴蕾

這款琴蕾（gimlet）可能是我最喜歡的版本，但只要是好的琴蕾，我都喜歡！你可以嘗試加琴酒或伏特加，兩者差異十分明顯。

製作1份

材料

2 片羅勒葉

2 大匙糖

¼ 根黃瓜，去皮、去籽、切塊，再加
   1片薄的帶皮黃瓜

¼ 杯新鮮萊姆汁

115 毫升琴酒或伏特加

2 大匙原味優格（頁73）

步驟

1. 將1片羅勒葉和糖放入雪克杯搗碎。加入黃瓜、萊姆汁、琴酒和優格。蓋上蓋子，冷藏至少2小時，最多可至隔夜。

2. 於冰鎮玻璃杯的底部放入黃瓜薄片。將兩塊冰塊加入雪克杯後充分搖勻，倒入玻璃杯（依喜好決定是否保留冰塊）。用剩餘的羅勒葉裝飾。

含羞草莓果乳清飲

含羞草酒（mimosa）是早午餐的經典，但我總覺得它平淡無奇。這款配方中的優格乳清增添了滑順的口感，莓果和薄荷則帶出柳橙汁與氣泡酒的風味。當你在過濾下一批優格時，別忘了這款飲品！

製作1份

材料

2片薄荷葉

2顆草莓、4顆覆盆子（raspberry）
   或兩者混合

120毫升新鮮/瓶裝柳橙汁

120 毫升優格乳清

120-180 毫升義大利普羅賽克氣泡酒
   （prosecco）、香檳或氣泡蘋
   果汁

步驟

將1片薄荷葉和莓果放入杯子搗碎。加入幾顆冰塊，倒入柳橙汁與乳清。攪拌後倒入普羅賽克氣泡酒。可以提前將基底做好冷卻，準備飲用時再添加氣泡酒。

優格麗特

第一次用優格調製瑪格麗特（margarita）時，我幾乎希望它不會成功，那麼我就得再多「測試」幾次這個配方，但最後還是成功了。將龍舌蘭酒（tequila）與優格混合效果意外地好。

製作1份

材料

60毫升銀色龍舌蘭酒（silver tequila）
15毫升君度橙酒（Cointreau）
1大匙新鮮萊姆汁
1大匙新鮮柳橙汁
1大匙原味優格（頁73）

¼茶匙磨碎柳橙皮
檸檬酸粉，酒杯邊緣用（自由選擇）
糖，酒杯邊緣用（自由選擇）
扭轉的檸檬皮，裝飾用

步驟

1. 將龍舌蘭酒、君度橙酒、萊姆汁、柳橙汁、優格和柳橙皮放入雪克杯混合。裝滿冰塊後充分搖勻。

2. 若想用酸甜混合物將杯緣包覆，取等量檸檬酸和糖混合後倒在盤子上。用少量龍舌蘭酒在杯緣繞一圈使其潤濕，接著沾上檸檬酸和糖的混合物。將雪克杯內的飲品倒入玻璃杯，依喜好添加冰塊，用一片扭轉的檸檬皮裝飾。

黑醋栗克菲爾酸酒

這是我嘗試調製的經典威士忌酸酒（whiskey sour）。可隨意調整酸甜度。若克菲爾不夠酸，或是想使用優格，請添加少量新鮮檸檬汁。

製作 1 份

材料

60毫升波本威士忌（bourbon）
　2大匙原味克菲爾（頁97、頁100）
　　或原味優格（頁73）
　15毫升黑醋栗利口酒

15毫升簡易糖漿（頁213），或視口味
　而定
少量安格仕苦精（Angostura bitters）
1顆波本威士忌酒漬櫻桃（例如杰克‧
　魯迪〔Jack Rudy〕品牌），裝飾用

步驟

將波本威士忌、克菲爾、黑醋栗利口酒、簡易糖漿和苦精倒入雪克杯充分搖勻。倒在冰塊上，用櫻桃裝飾。

甜食與點心

我把最好的留到最後，至少可以用來鍛鍊我們的意志力！這些美味的
甜點含有益生菌的好處，嚐起來不會感到罪惡。不妨敞開心胸，盡情
享受發酵乳品的益處與無限潛力，當之無愧的放縱口慾！

法式卡士達風冷凍優格

為了保持滑順的質地，冰淇淋和冷凍優格必須添加限制冰晶生長的原料。優格的脂肪和水分含量與添加的糖類之型態（頁204，方框文字）對此有很大的影響。脂肪越多和水分越少，質地就越濃厚滑順。法式或卡士達的食譜利用蛋黃創造出滑順的質地——每公升甚至要用到12顆蛋黃！雞蛋可以增加脂肪，也能當作乳化劑（emulsifier）來防止冰晶過大。我不太喜歡雞蛋的味道，所以這份食譜只用了6顆蛋黃。你可以根據個人喜好來調整蛋黃用量。這份食譜需要用到冰淇淋機（ice cream maker）。

製作剛好超過1公升

材料

2 杯重鮮奶油（heavy cream）
¾ 杯糖
6 顆蛋黃
⅛ 茶匙鹽
1½ 杯原味優格（頁73）
1 大匙香草精

步驟

1. 將1杯重鮮奶油和糖倒入小湯鍋，以中火加熱至快沸騰，不斷攪拌，煮約8分鐘，離火。

2. 將蛋黃和鹽倒入中碗混合。攪拌蛋黃的同時，加入少量熱鮮奶油。接著再以穩定、緩慢的速度加入剩餘的部分，不斷攪拌至全部混合。

3. 將蛋黃混合物倒回前面使用的溫熱湯鍋，以中小火加熱。烹煮時不斷攪拌，至混合物稍微變稠（約2分鐘）。如欲檢查溫度，約77°C。請勿煮至沸騰。

食譜於下頁接續

法式卡士達風冷凍優格 *續*

4. 將濾網置於碗上，倒入蛋黃混合物過濾，接著不加蓋或用保鮮膜/布稍微覆蓋，放入冷藏冷卻至少1小時。

5. 待蛋奶液冷卻後，加入優格和香草精。使用均質機或打蛋器攪拌至光滑。蓋上蓋子，放入極低溫的冰箱約8小時或冷凍庫約4小時。若使用冷凍庫降溫，約每15分鐘攪拌一次。此處不是為了讓蛋奶液結凍，只是要變得很冰。

6. 依照製造商的指示備妥冰淇淋機，接著倒入混合物攪拌。

7. 若喜歡軟的優格，請立即享用。若想吃較堅硬的冷凍優格，可放入冷凍庫數小時使其變硬。盛裝優格的容器最好先冰鎮，以避免裝入優格時會融化。將冷凍優格裝入冰鎮的容器，保持平整，蓋上蓋子，放入超低溫冷凍庫（deep freezer）或家用冷凍庫最冷的地方。

8. 冰淇淋和冷凍優格的最佳食用溫度是–18°C，這是多數家用冷凍庫的正常溫度。若你的優格是放在溫度較低的超低溫冷凍庫冰凍，將其移至家用冷凍庫約1小時後再食用。或者，可以將容器短暫放入冰箱，但不要忘記，否則優格又會回到奶昔狀。

最簡單的冷凍優格

在家自製冷凍優格或冰淇淋時，都得事先規劃好，以確保所有設備和食材都處於最低溫的狀態——除非你希望成品的質地和奶昔一樣。相較於卡士達風冷凍優格（頁201），這份食譜的準備工作少了許多，還可以更快完成。因為未使用蛋黃，冷凍以後成品的質地會更加堅硬，可用蜂蜜或糖漿取代砂糖使其軟化。我很喜歡蜂蜜帶來的風味，特別是用於平衡優格濃郁的味道，但添加與否可自由選擇。此款基礎食譜可以從各種方面去調整，取決於現有的食材和個人喜好。創意是無限的！以下列出三種版本，濃稠度依序遞增，讓你可以逐漸上手。

製作約1公升

希臘蜂蜜冷凍優格

3 杯水切原味優格（頁73）
1½ 大匙香草精
½ 杯蜂蜜或簡易糖漿（頁213），或兩者混合
少許鹽

香濃希臘冷凍優格

1½ 杯水切原味優格（頁73）
1½ 杯優格酸奶油（頁139）或未打發法式鮮奶油（頁136）
½ 杯蜂蜜或簡易糖漿（頁213），或兩者混合
1½ 大匙香草精
少許鹽

香濃白乳酪冷凍優格

1 杯優格白乳酪（頁131）
2 杯重鮮奶油
½ 杯 蜂蜜 或 簡易 糖漿 （頁213），或兩者混合
1½ 大匙香草精
少許鹽（除非優格起司已經加鹽）

步驟

1. 將所有食材倒入中碗，用均質機或打蛋器徹底混合。蓋上蓋子，放入極低溫的冰箱或冷凍庫冷卻。若使用冷凍庫降溫，約每15分鐘攪拌一次。此處不是為了讓優格結凍，只是要變得很冰。

食譜於下頁接續

最簡單的冷凍優格 *續*

2. 依照製造商的指示備妥冰淇淋機，接著倒入混合物攪拌。

3. 若喜歡軟的優格，請立即享用。若想吃較堅硬的冷凍優格，可放入冷凍庫數小時使其變硬。盛裝優格的容器最好先冰鎮，以避免裝入優格時會融化。將冷凍優格裝入冰鎮的容器，保持平整，蓋上蓋子，放入超低溫冷凍庫或家用冷凍庫最冷的地方。

4. 冰淇淋和冷凍優格的最佳食用溫度是–18°C，這是多數家用冷凍庫的正常溫度。若你的優格是放在溫度較低的超低溫冷凍庫冰凍，將其移至家用冷凍庫約1小時後再食用。或者，可以將容器短暫放入冰箱，但不要忘記，否則優格又會回到奶昔狀。

滑順冰淇淋的甜味科學

第二章的內文中提到乳汁發酵的關鍵是乳糖分子。若各位還記得，乳糖是一種雙醣（disaccharide），由兩個單醣所組成（葡萄糖和半乳糖）。砂糖（蔗糖）也是一種雙醣，由葡萄糖和果糖（fructose）組成。當葡萄糖和果糖結合時，會產生結晶狀。結晶糖適合用於烤餅乾和包覆雞尾酒的杯緣，然而若想溶在冰茶或製作滑順的冷凍甜點時，就沒那麼好用了。不僅難以溶解，還會讓冰淇淋變得堅硬，令人難以挖取。

然而，當葡萄糖和果糖被分離，以液態形式加入冷凍乳製品時，會產生柔軟的質地以便挖取，口感也更宜人。這是因為它們會降低產品的凝固點。例如，若用砂糖和蜂蜜（由葡萄糖和果糖兩種單醣組成）製作兩批冷凍優格，從冷凍庫取出時，砂糖的版本會非常堅硬，蜂蜜的則會比較柔軟。

因此，我在某些配方中使用真正的玉米糖漿（corn syrup，又稱葡萄糖糖漿〔glucose syrup〕，請不要與高果糖玉米糖漿〔high-fructose corn syrup〕混淆）、龍舌蘭蜜（果糖含量高）、蜂蜜（葡萄糖和果糖）和簡易糖漿（葡萄糖和果糖）。

優格起司派

在我小時候，母親經常製作一種奶油乳酪派，口味好吃極了，至少當時我是這麼認為的。裡頭包含煉乳和全麥餅乾（graham cracker）製成的派皮，上頭總是放著閃亮的罐頭櫻桃做裝飾。如今只要一想到原始配方中的含糖量，我就渾身發抖！根據我調整的配方，要將原味優格徹底過濾至最濃稠的程度（製成所謂的優格起司），或是使用完全水切的優格/克菲爾白乳酪。我的配方確實使用了煉乳，但用量只有原來的一半。將格蘭諾拉麥片（granola）快速撒上做成派皮，並於上方添入稍甜的罐頭櫻桃。可以做成派或獨立的杯子甜點，我喜歡用可以看見層次的小玻璃杯。若覺得食譜的甜味不如預期，可以將櫻桃配料的糖加倍，或使用更甜的格蘭諾拉麥片。

製作一個派（23公分）

材料

1杯完全水切原味優格（頁73）或優格/克菲爾白乳酪（頁131）
½杯煉乳
1大匙新鮮檸檬汁
1茶匙磨碎檸檬皮

½杯原味/肉桂格蘭諾拉麥片，有無堅果皆可，製作派皮用（或使用全麥餅乾派皮）
1罐（450毫升）無糖酸櫻桃
2大匙糖
1大匙玉米澱粉（cornstarch）

步驟

1. 將優格、煉乳、檸檬汁和皮倒入中碗混合，用均質機或打蛋器攪拌至滑順。

2. 將格蘭諾拉麥片撒入23公分的派盤、4個烤皿或小玻璃杯的底部。倒入上述的滑順內餡，蓋上蓋子，放入冰箱冷卻——單人份4-6小時、小型派8-10小時。

3. 將櫻桃罐頭的汁液倒入小碗，櫻桃倒入小湯鍋並加糖攪拌。

4. 將玉米澱粉加入櫻桃汁，攪拌至充分混合。

5. 將玉米澱粉混合物倒入鍋中與櫻桃混合，以中小火加熱，不斷攪拌煮至開始起泡。再煨煮1分鐘後離火，放入冰箱冷卻保存。

6. 待櫻桃混合物冷卻且派也成形後，將櫻桃混合物置於派上即可享用。

巧克力優格慕斯佐打發小豆蔻優格

慕斯（mousse）就像布丁一樣，口感濃郁，吃起來很罪惡，但其空氣般的質地又與布丁不同。有些食譜通常會藉由將生蛋白或鮮奶油打發，以獲得白雲般的質地。此食譜以優格為基底，所以我用打發優格酸奶油，不僅口感鬆軟，還能盡情攝取健康的益生菌。你可能已經發現，我偏好某些較低調的香料（至少從多數的西方食譜來看）。有趣的是，其中許多來自將優格視為主要烹飪食材的地區。這份食譜我選擇了小豆蔻，不僅替打發優格酸奶油增添淡淡風味，也完美映襯了濃郁的巧克力慕斯。

製作6–8份

材料

2 茶匙吉利丁或洋菜等素食選項
3 大匙冷水
60 毫升無糖烘焙用巧克力（baking chocolate）
⅛ 杯楓糖漿
1 杯牛奶
¾ 杯糖（我喜歡有機粗糖）

1 茶匙香草精
2 杯優格酸奶油（頁139）
¼ 茶匙鹽
⅛ 茶匙小豆蔻粉（可用少量肉桂代替）
打發鮮奶油或新鮮覆盆子和薄荷葉，裝飾用（自由選擇）

步驟

1. 將吉利丁和水放入小碗混合，置於一旁軟化。

2. 將巧克力放入雙層鍋以熱水浴融化。加入楓糖漿攪拌均勻。

3. 加入牛奶，將鍋子直接放在火爐上以中火加熱。不斷攪拌，緩慢煮至沸騰。離火，拌入軟化的吉利丁、糖和香草精。將混合物倒入玻璃碗，放入冰箱冷卻3-4小時至開始變稠。

4. 等待混合物冷卻時，將優格酸奶油、鹽和小豆蔻放入碗中，攪打至蓬鬆狀，但不要太硬。

5. 將冷卻的巧克力混合物從冰箱取出，用手持電動攪拌器或打蛋器攪拌至輕盈蓬鬆且顏色變淺。小心拌入打發酸奶油，動作輕柔以保持輕盈蓬鬆。

6. 用湯匙將慕斯舀入碗中，冷凍3小時。食用前，若喜歡可加上打發鮮奶油或新鮮覆盆子和一小枝薄荷。

南瓜優格慕斯與糖漬生薑

撰寫本書時恰逢感恩節，因此我便試做了這份甜品作為感恩節晚餐的一部分。我知道好的廚師不會把客人當作實驗品，但不要緊，有時會有意外的收穫。我用水切優格製作慕斯，並加上打發優格酸奶油和糖漬生薑（糖漬生薑很容易自製，亦可直接購買），以增添誘人的口感和幫助消化。若想加入更多巧思，可放上幾片薑餅甚至是更美麗的經典英式杏仁脆餅（Florentine cookie）。

多數的慕斯配方使用打發鮮奶油或生蛋白以創造特有的蓬鬆質地。招待很多客人時，我通常會避免使用生蛋白，因此我用了熟的蛋白霜（egg white meringue，又稱義式蛋白霜〔Italian meringue〕），其質地幾乎像是滑順、輕盈又蓬鬆的棉花糖霜（marshmallow cream）。

製作6–8份

材料

½ 杯（罐裝/新鮮）南瓜泥

1 杯原味優格（頁73）

4 大匙楓糖漿，若喜歡可另備1茶匙淋在上方

¼ 茶匙肉桂粉

⅛ 茶匙丁香粉

⅛ 茶匙肉豆蔻粉

少許鹽

⅛ 杯水

⅛ 杯糖（我使用有機粗糖）

2 顆蛋白，室溫

¼ 茶匙塔塔粉（cream of tartar）

1 杯冷的優格酸奶油（頁139）或打發法式鮮奶油（頁136）

糖漬生薑

1 塊（2.5公分）生薑

⅓ 杯糖

⅓ 杯水

步驟

1. 將南瓜泥、優格、楓糖漿、肉桂粉、丁香粉、肉豆蔻粉和鹽倒入中碗，攪拌均勻，蓋上蓋子後放入冰箱。

2. 將水和糖倒入湯鍋，以中大烹煮，不要攪拌，至煮糖溫度計（candy thermometer）其溫度到達114°C（「軟球」階段，soft ball）。

3. 糖在煮沸的期間，將蛋白倒入中碗，以手持電動攪拌器或打蛋器攪打至發泡，拌入塔塔粉。

4. 當糖的溫度到達114°C時，使攪拌器保持運作，並立即將糖緩慢注入裝有蛋白的碗。繼續攪拌至乾性發泡（形成硬尖狀）且混合物冷卻，約8-10分鐘。

5. 從冰箱取出南瓜混合物，用橡皮刮刀輕柔地拌入蛋白霜，混合均勻不要攪打，使其保持蓬鬆狀。

6. 用湯匙將慕斯舀入單人份的杯子，冷藏至少4小時使其凝固。

7. 等待慕斯冷卻時，準備打發優格酸奶油：將優格酸奶油倒入碗中，加入楓糖漿（如欲使用）。用手持電動攪拌器或打蛋器攪打至濕性發泡（形成柔軟的尖狀）。可提前一天做好放入冰箱保存。

8. 製作糖漬生薑時，將生薑去皮切薄片。將糖和水倒入小鍋子混合，以小火煮至微滾。加入薑片，煨煮30-45分鐘。用濾網將薑片取出後冷卻。若喜歡可以抹上更多的糖，讓視覺加分。鍋中的液體可以製成糖漿，淋在慕斯上或是入茶飲用。

9. 食用前，於每個慕斯杯上放入一團打發優格酸奶油與幾片糖漬生薑（若喜歡，可切成更小塊）。

簡易優格烤布蕾

烤布蕾是我最喜歡的甜點，會根據它來評斷餐廳的好壞。這道甜點看似簡單，卻能真正反應出食材的品質和製作的用心。若準備得好，卡士達（布蕾的部分）應是滑順冰涼的狀態，不可以是溫熱的，表面的紅糖（烤焦糖的部分）應呈現金黃至深棕色的結晶狀，用湯匙邊緣輕拍便能敲成碎片。若烤箱有好用的上火功能（broiler），可以用它來烤糖，但小型噴槍會更快速容易，也許也更好玩。先將烤皿放入冷凍庫冰鎮，烤糖時便能保持內部冰涼。

為了保留優格中的益生菌，我製作了很濃稠的卡士達，用來與冰冷的優格混合。這樣做非常快速也很美味。令我高興的是，有個備受尊敬的廚師朋友表示「這是他吃過最棒的烤布蕾」。

製作6–8份

材料

5 顆蛋黃

1 大匙香草精和／或1根香草莢（vanilla bean），切開並刮下香草籽

⅛ 茶匙肉豆蔻粉（自由選擇）

少許鹽

1½杯重鮮奶油

3 大匙玉米澱粉

1 杯冷的原味優格（頁73）

½ 杯砂糖（我喜歡有機粗糖）

1 大匙紅糖（brown sugar）

步驟

1. 將蛋黃、香草、肉豆蔻粉和鹽倒入小碗，攪拌混合。

2. 將鮮奶油和玉米澱粉倒入小湯鍋，攪拌均勻。以中小火加熱，不停攪拌將其煮熱但未沸騰，約3-4分鐘。離火，緩慢淋入蛋黃，不斷攪拌。將混合物重新倒入溫的鍋子。

3. 將鍋子以中火加熱2-4分鐘，不斷攪拌至稍微沸騰。調成小火，再煮1分鐘後離火。此時質地將非常黏稠，可能會有些分離，但冷卻後此情況便會消失。

4. 將鍋子以中火加熱2-4分鐘，不斷攪拌至稍微沸騰。調成小火，再煮1分鐘後離火。此時質地將非常黏稠，可能會有些分離，但冷卻後此情況便會消失。

5. 將卡士達倒入烤皿，蓋上蓋子，冷卻3-8小時。

6. 將砂糖和紅糖混合，均勻分配給每個烤皿，灑在冷卻的卡士達表面。用噴槍或上火烤箱將糖快速上色形成脆層。若需要，食用前先將烤皿冷卻。

冷凍優格/克菲爾薄片

若想食用冷凍優格，卻沒有可用的設備，不妨製做優格薄片（yogurt bark）！只需要給它一段時間冷凍，約2-4小時，取決於冷凍庫的強度。這份食譜有添加甜味劑，若希望但當然可以省略。配料的種類無限！以下列出我最喜歡的方式，請自由發揮創意。

製作1盤

材料

2 杯適度水切的原味優格（頁73）或完全水切的原味克菲爾（頁97、頁100）

1-2 大匙簡易糖漿（頁213）、蜂蜜或龍舌蘭蜜

1 茶匙香草精（自由選擇；見註釋）

少許鹽

註釋 *如欲使用甜辣配料，請省略香草精。*

果仁配料

½ 杯新鮮/冷凍莓果，例如藍莓、草莓和覆盆子

¼ 杯切碎開心果、核桃或杏仁

甜辣配料

½ 杯椰絲

¼ 杯切碎芒果乾或木瓜乾

¼–½ 茶匙辣椒片

葡萄乾巧克力片配料

½ 杯半甜巧克力片

¼ 杯金色/棕色葡萄乾

步驟

1. 將優格、簡易糖漿、香草精（如欲使用）和鹽倒入中碗混合均勻。

2. 於烤盤上鋪一張烘焙紙，或使用不沾黏烤盤。用刮刀將優格混合物盡可能均勻地鋪在烤盤上。厚度約為0.6公分。將優格、簡易糖漿、香草精（如欲使用）和鹽倒入中碗混合均勻。

3. 將自選配料均勻撒在優格表面。

4. 冷凍至變硬，約2-4小時，視冷凍庫強度而定。接著撥成小片，裝入夾鏈袋（盡量除去空氣）後放入盒子冷凍，以避免壓碎。只要不受潮並保持冷凍狀態，即可保存數個月。

簡易糖漿

簡易糖漿/糖漿非常容易製作。只要加熱（有時是加酸）便可將所有或大部分的蔗糖分子（sucrose molecule）轉變成葡萄糖和果糖，其專業名稱是「轉化糖」（invert sugar）。若不想自製簡易糖漿，也可以直接購買。製作各種冰淇淋或冷凍優格時，請使用它取代砂糖，用量為食譜需要的糖量之一半。簡易糖漿有助於製作冷凍甜點，詳見頁204的說明。

製作1杯

1杯糖（粗糖可增加風味）　　　　　少量塔塔粉（酸的來源）
1杯水

將糖和水倒入小湯鍋混合，以小火煮至微滾。加入塔塔粉，煨煮20分鐘。隨著水分蒸發，混合物將減少約一半的體積。冷卻後放入冰箱保存。

優格「餅乾」

以下的優格餅乾食譜皆根據一項簡單的原理：利用優格的黏合力與乳脂性將水果、堅果、種籽與其他美味的健康食材結合，以低溫烘烤製成堅硬、低糖、不含小麥卻保有益生菌的點心。一旦掌握優格與乾性食材的比例，即可發揮創意，自製低溫烘烤的餅乾。這些餅乾可於冷凍庫保存數個月，但我的餅乾似乎總在幾天內就被一掃而空。

製作 18–24 個

巧克力片、椰棗和杏仁優格「餅乾」

¼杯杏仁條
¼杯切碎椰棗
2杯完全水切的原味優格（頁73）
¼茶匙鹽
¼茶匙香草精
¼杯迷你巧克力片

燕麥、葡萄乾和肉桂優格「餅乾」

¼杯燕麥片
¼杯葡萄乾
2杯完全水切的原味優格（頁73）
½茶匙肉桂粉
¼茶匙鹽
¼茶匙香草精

亞麻籽、核桃和杏桃優格「餅乾」

¼杯切半核桃
¼杯切碎乾杏桃（apricot）
2杯完全水切的原味優格（頁73）
¼杯亞麻籽（自由選擇）
¼茶匙磨碎柳橙皮
¼茶匙鹽

芒果、開心果和椰子優格「餅乾」

⅛杯開心果
⅛杯切碎芒果乾
2杯完全水切的原味優格（頁73）
¼杯椰絲
¼茶匙杏仁萃取液（almond extract）
¼茶匙鹽

步驟

1. 將堅果或燕麥倒入乾的煎鍋，以中火加熱，不斷攪拌至呈金黃色，約5分鐘。

食譜於下頁接續

2. 將烤堅果或燕麥和果乾倒入食物調理機攪碎。加入巧克力片以外的剩餘食材，攪打至光滑。拌入巧克力片（如欲使用）。

3. 如欲使用烤箱將餅乾烘乾，用湯匙將混合物舀至不沾黏烤盤、鋪上烘焙紙的乾烤盤或餅乾紙上。

4. 將餅乾以49°C-52°C烘乾4小時，或至餅乾變硬。若使用烤箱，盡可能使用最低溫度烘烤2-3小時，或至餅乾變硬。將餅乾置於金屬網架上冷卻。請於幾天內食用完畢或放入冷凍。

發揮創意製作優格「餅乾」

每個具有悠久製作優格傳統之文化，都有將其烘乾以便攜帶和長期保存的歷史（見頁89的說明）。當我開始實驗製作乾燥優格後，發現只要添加一些材料，成品就很好吃，這讓我非常驚訝！於是我開始試作各種美味、無麩質、富含益生菌且易於製作的點心。為了保存益生菌，必須使用食物乾燥機將優格烘乾。若沒有食物乾燥機，可以改用烤箱，餅乾將於一半的時間內完成，並帶有淺黃色澤，但烤箱溫度較高，可能會殺死多數的益生菌。不過，它們仍是健康的零食。

乾燥「餅乾」食譜所列的這些食材可隨意調整製作成各種零食，以滿足家人的口味，也能善用現有的食材！只要記得加入果乾以提供甜味，和一些乾性食材來增添口感。這些食譜都未加糖，倘若想讓餅乾更甜，請自由添加喜歡的甜味劑。

優格的發展史

1904年　諾貝爾獎得主埃黎耶‧梅契尼可夫呼籲大眾吃優格來促進腸道健康。

1900年代　密西根州的豪華健康水療中心「巴特克里克療養院」（Battle Creek Sanitarium）將優格作
初期　　　為健康飲食和治療結腸炎的處方。

1919年　艾薩克‧庫拉索於西班牙成立達能優格。

1926年　由阿薩納西奧斯‧菲利波（Athanassios Filippou）與家人在希臘雅典開設的乳製品店，開
　　　　始販售濃稠優格。這間家族企業最終成為有名的法吉公司（Fage/fah-yay）。

1929年　亞美尼亞人羅賽和薩基斯‧科倫坡西安在麻州開設科倫坡優格公司。丹尼爾‧庫拉索在法
　　　　國開設一間達能工廠。

1941年　丹尼爾‧庫拉索的達能公司於紐約布隆克斯（Bronx）成立，位在一間前希臘優格工廠。

1947年　達能公司推出水果底或聖代風格的優格。

1951年　總部位於洛杉磯的雅米優格（Yami Yogurt）在《生活》雜誌刊登一則廣告，聲稱優格是「
　　　　天然的睡前飲品」。《廚藝之樂》（The Joy of Cooking）一書首度收錄自製優格的食譜。

1954年　法吉公司開始在全希臘配送優格。

1970年代　黃豆優格上市。

1970年　奧勒岡州的南希優格成為第一間添加益生菌並以此為宣傳的優格製造商。

1975年　紐約的布朗牛公司（Brown Cow）開始銷售第一款全脂鮮乳優格。

1977年　達能公司推出著名的「喬治亞州百歲人瑞」（Georgians over 100）電視廣告，宣稱吃優格
　　　　可以延年益壽，因而銷售大賣。

1982年　冷凍優格連鎖店TCBY營業範圍擴及全美。加州的紅杉山農場推出首款市售山羊奶優格。

1983年　法吉公司開始將優格出口至歐洲其他地區。

1988年　俄羅斯移民邁可‧斯莫揚斯基（Michael Smolyansky）和盧德米拉‧斯莫揚斯基（Ludmila
　　　　Smolyansky）創立生命之路克菲爾公司（Lifeway Kefir）。

1993年　科倫坡優格公司被轉賣給通用磨坊（General Mills）。

1994年　紐約的老查塔姆牧羊公司推出首款市售綿羊奶優格。

1998年　法吉公司將希臘優格出口至美國。

1999年　優沛蕾公司推出Go-Gurt優格條。

2005年　冷凍優格連鎖店粉紅莓（Pinkberry）開設第一家店面。

2007年　法吉公司在美國設立希臘優格工廠。土耳其庫德族商人漢迪‧烏魯卡亞（Hamdi Ulukaya）
　　　　在紐約南埃德姆斯頓（South Edmeston）創立喬巴尼（Chobani）公司。

2009年　丹尼爾‧庫拉索於103歲高齡逝世。

2010年　擁有科倫坡優格公司的通用磨坊，在歷經80年後放棄原有產品，專心發展優沛蕾品牌。

2012年　喬巴尼在愛達荷州開設全球最大的優格加工廠。

2013年　希臘優格佔全美優格總銷售量的36%。

2017年　美國的優格年銷售額只略低於90億美元。

2018年　美國達能公司成為全球最大的B型企業/共益企業（certified B）。

2019年　生命之路克菲爾公司推出一款含有益生菌的植物性發酵飲料。

致謝辭

沒有出色的出版商，作者便無用武之地。沒有優秀的團隊，出版商便難以成事。我已經出了六本書，很幸運一直有個堅強的團隊在背後支持我。

過去十年，我曾與三家出版社和六位編輯共事過，從中獲益良多。其中尚未包含文字編輯、校對人員、設計師、行銷和公關人員，那麼各位就知道有多少人協助我了！

我撰寫本書時首度與專業攝影師合作（過去都是我自己拍照）。攝影師卡門・特羅斯（Carmen Troesser）眼光獨到且創意非凡，將我的食譜與想法拍得生動鮮活，從未有這種表現手法的我看得激動不已。此外，卡羅琳・埃克特（Carolyn Eckert）給予我許多靈感，製作設計師珍妮・傑普森・史密斯（Jennie Jepson Smith）也孜孜不倦，將所有的文字和圖像整合，帶來精緻易懂更能啟迪人心（我希望如此）的作品。談到文字，編輯莎拉・瓜爾（Sarah Guare）讓行文更流暢簡潔、意思更明確，謝謝妳！最後，公關阿納斯塔西婭・沃倫（Anastasia Whalen）處事八面玲瓏，幫助我和本書得以順利問世。

十年前我曾將出書計畫寄給兩家出版社，樓層出版社（Storey Publishing）便是其中之一，這次有機會能與其合作讓我非常欣慰。與如此棒的團隊共事，真是一種享受。

參考文獻

第二章

Plessas, S., C. Nouska, I. Mantzourani, Y. Kourkoutas, A. Alexopoulos, and E. Bezirtzoglou. "Microbiological Exploration of Different Types of Kefir Grains." *Fermentation* 3, no.1 (2016):

Tamime, A. Y. *Probiotic Dairy Products*. Blackwell Publishing, 2007.

第四章

Yang, Zhennai, Eine Huttunen, Mikael Staaf, Göran Widmalm, and Heikki Tenhu. "Separation, Purification and Characterisation of Extracellular Polysaccharides Produced by Slime-Forming *Lactococcus Lactis* Ssp. *Cremoris* Strains." *International Dairy Journal* 9, no. 9 (September 1999): 631–38.

第六章

Luo, Cheng and Shanggui Deng. "Viili as Fermented Food in Health and Disease Prevention: A Review Study." *Journal of Agricultural Science and Food Technology* 2 (2016): 105–113.

Salminen, Edith. "There Will Be Slime." Nordic Food Lab, April 10, 2014. http://nordicfoodlab.org/blog/2014/3/there-will-be-slime.

Smith, Andrew. *The Oxford Encyclopedia of Food and Drink in America*, vol. 1. Oxford University Press, 2004.

當地資源

好菌家
https://www.wellprobiotics.com
販售保加利亞優格粉

米森 Vilson
https://www.vilson.com
販售手作優格粉

iHerb
https://tw.iherb.com
販售非乳製品優酪乳發酵劑、Yogourmet克菲爾發酵粉

電商

米麴本舖 Koji Shop
販售凝乳酶、裏海優格

kristy 克菲爾
販售克菲爾粒、瑞典發酵乳、芬蘭優格、酪乳、裏海優格、冰島優格、保加利亞優格

就是愛菌菌
販售克菲爾粒、瑞典發酵乳、芬蘭優格、酪乳、裏海優格、冰島優格、保加利亞優格

資源

培養物和器具設備

Belle + Bella
www.belleandbella.com
供應動物奶或純素植物奶培養物和YoMagic優格的製造商。

The Cheesemaker
www.thecheesemaker.com
供應新鮮的克菲爾粒和工具。

Cultures for Health
www.culturesforhealth.com
供應冷凍乾燥的優格和克菲爾菌種,也會分享許多文章和技巧。

GEM Cultures
www.gemcultures.com
供應新鮮的芬蘭優格培養物和新鮮的克菲爾粒。

GetCulture
www.getculture.com
供應培養物、起司包和各類器具。

Lifeway
www.lifewaykefir.com
供應一種非常棒的克菲爾菌種。

Luvele
www.luvele.com
供應獨特的優格機,可用來在36°C-41°C的溫度範圍內製作長時間發酵品(亦即24小時優格)。

New England Cheesemaking Supply Co.
www.cheesemaking.com
供應各種乳汁發酵培養物,還提供如何採購各種乳汁的互動式地圖。

Savvy Teas and Herbs
www.savvyteasandherbs.com
供應新鮮或乾燥的祖傳菌種(未冷凍乾燥),內含樣本包,裝有數種培養物。

Yemoos Nourishing Cultures
www.yemoos.com
供應各種很棒的培養物,包括克菲爾粒和祖傳菌種。

其他資訊

網站

A Campaign for Real Milk
www.realmilk.com
提供寶貴的資源,讓民眾可以找出自家附近的生乳,還能了解當前生乳法規等等的資料。

Daily Dose of Dairy
www.berryondairy.com

The National Yogurt Association
www.aboutyogurt.com

Russiapedia
https://russiapedia.rt.com/of-russian-origin/kefir/
History of kefir

書籍

The Art of Fermentation, Sandor Katz. Chelsea Green Publishing, 2012

Cheese and Fermented Milk, vol. 1, Frank Kosikowski and Vikram Mistry. FV Kosikowki, LLC, 1997

Fermented Milk and Dairy Products, Anil Kumar Puniya. CRC Press, 2015

Mastering Artisan Cheesemaking, Gianaclis Caldwell. Chelsea Green Publishing, 2012

Mastering Basic Cheesemaking, Gianaclis Caldwell. New Society Publishing, 2016

Milk: The Surprising Story of Milk through the Ages, Anne Mendelson. Alfred A. Knopf, 2008

Perfectly Creamy Frozen Yogurt, Nicole Weston. Storey Publishing, 2018

World of the East Vegetarian Cooking, Madhur Jaffrey. Alfred A. Knopf, 1981

Yogurt, Janet Fletcher. Ten Speed Press, 2015

Yogurt Culture, Cheryl Sternman Rule. Houghton Mifflin Harcourt, 2015

製造商簡介

貝爾維德農場(Bellwether Farms)
www.bellwetherfarms.com

GEM菌種公司(GEM Cultures)
www.gemcultures.com

綠谷乳品(Green Valley Creamery)
www.greenvalleylactosefree.com

南希優格(Nancy's Yogurt)
www.nancysyogurt.com

紅杉山農場與乳製品廠(Redwood Hill Farm & Creamery)
www.redwoodhill.com
www.redwoodhillfarm.org

索引

圖片或插圖以*斜體*頁碼表示；表格以**粗體**頁碼表示。